Gauhar Syzdykova
B. K. Orazalina
G. M. Nurtasina

Impactos ambientais na saúde humana

Gauhar Syzdykova
B. K. Orazalina
G. M. Nurtasina

Impactos ambientais na saúde humana

ScienciaScripts

Imprint

Any brand names and product names mentioned in this book are subject to trademark, brand or patent protection and are trademarks or registered trademarks of their respective holders. The use of brand names, product names, common names, trade names, product descriptions etc. even without a particular marking in this work is in no way to be construed to mean that such names may be regarded as unrestricted in respect of trademark and brand protection legislation and could thus be used by anyone.

Cover image: www.ingimage.com

This book is a translation from the original published under ISBN 978-3-659-90753-1.

Publisher:
Sciencia Scripts
is a trademark of
Dodo Books Indian Ocean Ltd. and OmniScriptum S.R.L publishing group

120 High Road, East Finchley, London, N2 9ED, United Kingdom
Str. Armeneasca 28/1, office 1, Chisinau MD-2012, Republic of Moldova, Europe
Managing Directors: Ieva Konstantinova, Victoria Ursu
info@omniscriptum.com

Printed at: see last page
ISBN: 978-620-2-75332-6

CONTEÚDO.

INTRODUÇÃO

Relevância do tema de investigação. Os factores antropogénicos modernos, que representam uma enorme variedade de efeitos nocivos para o ambiente, têm um impacto pronunciado na formação da saúde pública; espalham a ação direta e indireta, combinada e complexa de factores químicos, físicos e biológicos.

Segundo a OMS, a contribuição de vários factores ambientais desfavoráveis para a formação da saúde pública é de 25-35%. O problema da influência desfavorável dos factores ambientais na saúde está a tornar-se cada vez mais urgente todos os anos. Os problemas científicos da avaliação do impacto dos factores ambientais na saúde humana e a justificação das medidas estatais de melhoria da saúde são hoje tarefas prioritárias da política estatal em praticamente todos os países economicamente desenvolvidos.

A avaliação do significado da poluição ambiental sobre as respostas biológicas do organismo humano, sobre os indicadores de saúde, é uma componente importante do estudo do impacto dos factores ambientais sobre a saúde humana, juntamente com a comparação das concentrações de poluentes individuais com as normas de higiene, porque tem em conta integralmente o impacto de todos os poluentes, incluindo os não identificados, e o seu efeito complexo e combinado sobre o corpo humano (BushtuevaK.A., Sluchanko I.S., 1979).

Normalmente, para cada fator são estabelecidas as suas próprias normas. Entretanto, o efeito combinado dos factores nocivos, dependendo das suas propriedades físico-químicas, doses (concentrações), duração, multiplicidade e sequência de exposição, pode manifestar-se sob a forma de aditividade (o efeito é igual à soma). O efeito do ambiente pode ser a causa não só de vários tipos de doenças somáticas, incluindo as malignas, mas também de perturbações genéticas que se podem manifestar nas gerações futuras. Assim, o problema não é apenas de importância médica, mas também económica e social. É extremamente complexo e continua a ser insuficientemente investigado. Consequentemente, as alterações ambientais conduzem ao aparecimento e ao aumento da morbilidade da população com patologias ecodependentes e ecologicamente limitadas (ecopatologia) (Dubovoy I.I., 2007).

Estas doenças são ecologicamente condicionadas e a sua frequência está a aumentar no contexto do aumento da intensidade dos factores nocivos que, presumivelmente, influenciam este tipo de doenças (Maimulov V.G., Nagorny S.V., Shabrov A.V., 2000).

As substâncias radioactivas e químicas que poluem o ar atmosférico ocupam um lugar especial entre os factores nocivos. Na avaliação dos factores nocivos, nem sempre se tem em conta a natureza conjunta ou combinada dos seus efeitos no ser humano. A ação conjunta da poluição radioactiva e química do ambiente cria problemas higiénicos complexos, insuficientemente resolvidos, que determinaram as metas e os objectivos deste trabalho.

Objetivo do estudo: avaliação ecológica e higiénica integrada dos factores ambientais e do seu impacto na saúde pública.

Para atingir o objetivo do **estudo,** foram selecionados os seguintes **objectivos de investigação:**

1)   avaliar a poluição ambiental complexa dos distritos da região de Akmola através de indicadores ecológicos e higiénicos do ar atmosférico, da água potável e do solo;

2)   revelar a influência de um complexo de factores ambientais sobre as peculiaridades da formação da saúde em crianças, adolescentes e adultos através de indicadores de morbilidade;

3)   estabelecer uma relação de causa e efeito entre os factores ambientais e os indicadores de saúde;

4)   com base nos resultados do estudo, formular recomendações para reduzir o impacto da carga antropogénica na saúde da população.

O objeto do estudo são três distritos da região de Akmola (Akkol, Burabay, Zerendinsky).

O objeto do estudo são os parâmetros de qualidade dos factores ambientais (ar atmosférico, solo, água) e os indicadores de saúde das crianças (11-13 anos), dos adolescentes (14-17 anos) e dos adultos (18-30 anos).

O grau de estudo do tema de investigação. Estudos realizados na República do Cazaquistão (P.P. Petrov, T.K. Kalzhekov, 1990; N. Zhakashov, 1993; U.I. Kenesariev. 1993 e outros), foi estabelecida a dependência das tendências negativas na saúde da população do impacto complexo de factores ambientais e sociais, que actuam de forma diferente em cada região.

Métodos de investigação. Foi utilizado no trabalho um conjunto de métodos modernos de investigação socio-ecológica, físico-química, higiénica e estatística.

Novidade científica do estudo.

Foi efectuada uma avaliação ecológica complexa de alguns distritos da região de Akmola, tendo sido determinados os poluentes prioritários e o grau de poluição.

Foi revelada a correlação entre o grau de poluição dos distritos do oblast e a morbilidade da população infantil, adolescente e adulta.

Pela primeira vez, a nível regional, foram estabelecidas relações causais entre os indicadores de poluição ambiental e a morbilidade.

São apresentadas recomendações para reduzir o impacto da carga antropotecnogénica na saúde pública.

O significado prático do trabalho reside no facto de, no processo do estudo, terem sido identificados os territórios da região de Akmola com diferentes níveis de mal-estar ecológico do ambiente, os poluentes prioritários e o seu impacto na saúde, o que permite utilizar os dados obtidos no desenvolvimento de medidas preventivas destinadas a reduzir o impacto da carga antropotecnogénica na saúde da população .

Os resultados da investigação foram utilizados em recomendações destinadas a reduzir o impacto da carga antropotecnogénica na saúde pública.

CAPÍTULO 1

AVALIAÇÃO ACTUAL DO IMPACTO DA POLUIÇÃO AMBIENTAL ANTROPOGÉNICA NA SAÚDE PÚBLICA

1.1 Caracterização ecológica das fontes de poluição ambiental por emissões industriais e veículos a motor

A poluição generalizada do ambiente por uma variedade de substâncias, por vezes completamente alheias à existência normal do corpo humano, constitui uma séria ameaça à nossa saúde e ao bem-estar das gerações futuras. Por conseguinte, os problemas ambientais devem ser tratados imediatamente. É necessário limitar o impacto negativo da atividade económica no ambiente e minimizar as emissões de substâncias nocivas para a atmosfera [1].

Por poluição do ar atmosférico entende-se um aumento das concentrações de componentes físicos, químicos e biológicos acima do nível que desequilibra os sistemas naturais. As concentrações mais elevadas de substâncias nocivas encontram-se no ar atmosférico, que excedem em 2 a 5 vezes as concentrações máximas permitidas, e é nestas áreas que a sua principal massa se acumula no solo e na superfície das massas de água. Várias alterações negativas na atmosfera terrestre estão principalmente associadas a alterações nas concentrações de componentes menores do ar atmosférico [2].

As principais fontes antropogénicas de poluição incluem empresas do complexo de combustíveis e energia, transportes, várias empresas de construção de máquinas e empresas da indústria pesada. As mais significativas são:
- As centrais térmicas poluem a atmosfera com emissões que contêm dióxido de enxofre, dióxido de enxofre, óxidos de azoto, fuligem, poeiras e cinzas que contêm sais de metais pesados.

- Combinações de metalurgia ferrosa, que incluem alto-forno, fabrico de aço, laminadores, instalações de sinterização, instalações de coque, etc.

- A metalurgia não ferrosa, que polui a atmosfera com compostos de metais não ferrosos e pesados, vapor de mercúrio, dióxido de enxofre, óxidos de azoto, anidrido carbónico, etc.

- Engenharia mecânica e processamento de metais. As emissões destas empresas contêm aerossóis de compostos não ferrosos e de metais pesados, incluindo vapor de mercúrio. A indústria de refinação de petróleo e petroquímica é uma fonte de poluentes atmosféricos como o sulfureto de hidrogénio, o dióxido de enxofre, o monóxido de carbono, o amoníaco, o hidrocarboneto e o benzapereno.

- Empresas de química orgânica. Emissões de grandes quantidades de substâncias orgânicas que têm uma composição química complexa, compostos de metais pesados de ácido clorídrico, contêm fuligem e poeira.

- Empresas de química inorgânica. As emissões atmosféricas destas empresas contêm óxidos de enxofre e de azoto, compostos de fósforo, cloro livre e sulfureto de hidrogénio.

- Transporte automóvel. Os padrões geográficos de distribuição dos poluentes daí provenientes são muito complexos e são determinados não só pela configuração da rede de auto-estradas e pela intensidade dos veículos a motor, mas também pelo grande número de intersecções onde os veículos permanecem durante um certo período de tempo com os motores em funcionamento. O número de veículos em todo o mundo é de 630 milhões [3].

A poluição ambiental causada pelos veículos a motor é uma das mais perigosas para a saúde humana, porque os gases de escape entram na atmosfera, onde é difícil dispersá-los. A composição dos gases de escape dos veículos contém uma grande quantidade de óxido de azoto, carbono não absorvido, aldeídos e fuligem, bem como monóxido de carbono [4].

Devido ao elevado número de veículos a motor, estes têm um enorme impacto na atmosfera e na saúde humana. Pensa-se que milhares de pessoas morrem todos os anos devido aos gases de escape do e os danos que causam ao ambiente são estimados em milhares de milhões de dólares. As emissões de gases de escape influenciam o desenvolvimento de muitas doenças. As emissões industriais têm um impacto negativo na saúde humana, destroem materiais e equipamentos e reduzem a produtividade da silvicultura e da agricultura [5].

Atualmente, os cientistas estão a trabalhar ativamente na criação de tecnologias para a utilização de emissões, produção amiga do ambiente e combustível. Foram criadas tecnologias para a utilização das emissões. Para purificar as emissões é necessário construir instalações de purificação. Se todas as empresas químicas recolhessem as emissões da produção, receberiam dezenas de milhares de toneladas de substâncias valiosas como o ácido nítrico e sulfúrico, o anidrido sulfúrico, o flúor e outras.

Infelizmente, as tecnologias de produção eficazes criadas não são aplicadas na maioria das empresas devido ao seu elevado custo e, por vezes, ao facto de se negligenciar o problema ambiental [3].

As emissões de poluentes atmosféricos são caracterizadas por quatro atributos: estado agregado, composição química, dimensão das partículas e caudal mássico da substância emitida. Os poluentes são emitidos para a atmosfera sob a forma de poeiras, fumos, névoas, vapores e substâncias gasosas. Os poluentes mais comuns que entram no ar atmosférico a partir de fontes antropogénicas são: monóxido de carbono, dióxido de enxofre, óxidos de azoto, hidrocarbonetos, poeiras, monóxido de carbono - a impureza atmosférica mais comum e mais significativa, designada por monóxido de carbono no quotidiano. O teor de CO em condições naturais é de 0,01 a 0,2 mg\m³, mas nas grandes cidades o seu teor varia entre 1-210 mg\m³. A concentração mais elevada é observada nas ruas e praças das cidades com tráfego intenso, especialmente nos cruzamentos. O seu peso específico é superior a 50 por cento do total das emissões. O dióxido de enxofre é um gás incolor com um odor acentuado. Até 70 por cento das suas emissões provêm da combustão de emissões, o fuelóleo - cerca de 15 por cento. As emissões que contêm impurezas sob a forma de fumo, névoa ou partículas de vapor são designadas por aerossóis. O número total de variedades de aerossóis que poluem a atmosfera é da ordem das centenas. Os aerossóis têm um efeito prejudicial sobre a camada de ozono atmosférico [4].

Para quantificar o teor de uma impureza na atmosfera, é utilizado o conceito de concentração - a quantidade de substância contida numa unidade de volume de ar, reduzida a condições normais [5].

A quantidade de ar atmosférico é um conjunto das suas propriedades que determinam o grau de impacto dos factores físicos, químicos e biológicos sobre as pessoas, a flora e a fauna, bem como sobre os materiais, as estruturas e o ambiente no seu todo. A qualidade do ar atmosférico é considerada satisfatória se o teor de impurezas não exceder a concentração máxima admissível (MPC) - a concentração máxima de impurezas na atmosfera, atribuída a um determinado tempo médio, que, em caso de exposição periódica ou ao longo da vida de uma pessoa, não tem um impacto direto ou indireto sobre ela e sobre o ambiente no seu todo, incluindo consequências remotas. O impacto direto é entendido como uma irritação temporária do organismo humano, causando odor, tosse, dor de cabeça. Quando as substâncias nocivas se acumulam no organismo acima da dose especificada, podem ocorrer alterações patológicas em órgãos individuais ou no organismo como um todo. Por impacto indireto entendem-se as alterações no ambiente que, sem terem um efeito nocivo nos organismos vivos, pioram as condições habituais do habitat: as áreas verdes são afectadas, o número de dias de nevoeiro aumenta [6].

O principal critério para estabelecer normas MAC para avaliar a qualidade do ar atmosférico é o impacto dos poluentes atmosféricos no corpo humano [7].

São estabelecidas duas categorias de MAC para a avaliação da qualidade do ar atmosférico: dose única máxima (MACm.r) e dose média diária (MACc.s).

O MACm.r é a principal caraterística de perigo de uma substância nociva. É estabelecida para evitar reacções reflexas nos seres humanos em caso de exposição de curta duração a impurezas atmosféricas. Esta norma é utilizada para avaliar substâncias que têm um odor ou afectam órgãos sensoriais individuais.

MACc.c - é estabelecida para prevenir os efeitos tóxicos gerais, carcinogénicos, mutagénicos e outros efeitos da substância no corpo humano. As substâncias avaliadas por esta norma têm a capacidade de se acumularem temporária ou permanentemente no corpo humano [8].

No início de 1999, cerca de 1000 substâncias foram avaliadas de acordo com as normas do Comité dos Produtos Biocidas, mas todos os anos são acrescentadas a este número dezenas de novas substâncias pouco estudadas, a maioria das quais nocivas para o homem, os animais e as plantas. A lista de substâncias, cujo teor é racionado, está, por conseguinte, constantemente a ser reabastecida. Foram estabelecidas normas temporárias de MPC de poluentes no ar para a vegetação lenhosa (MPCl) [7].

Se as substâncias têm um efeito nocivo no ambiente em concentrações mais baixas do que nos seres humanos, então, durante o racionamento, o limiar de ação dessa substância no ambiente é estabelecido. O impacto das substâncias, para as quais os CMA não estão estabelecidos, é avaliado de acordo com o nível seguro aproximado de exposição ao poluente atmosférico (ESL) - uma norma higiénica temporária para um poluente atmosférico [8].

As normas de MPC para o ar atmosférico são únicas para o território de um determinado país; os MPC estabelecidos noutros países podem ser diferentes. Por exemplo, nos EUA, o CPM para o SO2 é de 0,75 mg/cm^3, e na Ucrânia - 0,5 mg/cm^3. As normas estabelecidas em cada país são reguladas pela saúde internacional, proteção ambiental e várias organizações internacionais. Para as zonas de proteção sanitária, estâncias turísticas e áreas recreativas, os CMA são fixados 20% mais baixos do que para as zonas residenciais [9].

As violações das normas estabelecidas são objeto de uma lei que prevê determinadas sanções. Estas leis existem em todos os países, uma vez que foi estabelecido que a ultrapassagem constante da concentração admissível de pelo menos uma das substâncias normalizadas conduz a um aumento da morbilidade de 1,7 vezes e, em alguns grupos etários, até três vezes. A poluição atmosférica também tem um impacto direto nas estruturas e nos ornamentos decorativos, monumentos, etc. De acordo com a documentação normativa e técnica, o racionamento da qualidade ambiental é efectuado para estabelecer normas máximas admissíveis de impacto ambiental, o que garante a segurança ambiental e a preservação do fundo genético, assegura a utilização racional e a recuperação dos recursos naturais sob a condição de desenvolvimento sustentável da atividade económica [10].

Para cada instalação projectada e em funcionamento, que constitui uma fonte estacionária de poluição atmosférica, são estabelecidas as normas de emissões máximas admissíveis (EMA) de poluentes para o ar atmosférico. As EMA são estabelecidas com base na condição de que as emissões de substâncias nocivas de uma determinada fonte, em combinação com outras fontes, não criem uma concentração superficial superior à EMA fora da zona de proteção sanitária: EMA C+Cf, em que

C - concentração da substância na camada superficial a partir da fonte de projeto, mantendo as normas de EMA;

Cf - concentração de fundo da mesma substância.

Se, numa determinada empresa ou grupo de empresas localizadas numa determinada região, os valores de EMA não puderem ser atingidos imediatamente por razões objectivas, é estabelecida uma emissão temporariamente acordada (TCE). A norma TPL é fixada para o período de desenvolvimento e organização das medidas de proteção do ar, a fim de garantir o cumprimento das normas

EMA. O período de validade do EMA é fixado em 5 anos. Em caso de novas instalações de produção, de reconstrução das existentes, de alterações no processo tecnológico ou no tipo de matérias-primas utilizadas e noutros casos, as normas de EMA são revistas [11].

Para cada cidade, com base nas normas de EMA das empresas e na composição de fundo do ar atmosférico, são desenvolvidas normas de EMA para toda a cidade, de acordo com as quais os EMA individuais das empresas podem ser revistos em baixa [12].

O cumprimento das normas de qualidade estabelecidas assegura uma situação ambiental favorável na região, em conformidade com os requisitos da lei do ambiente do RK. O EMA é estabelecido para cada fonte estacionária com base no cálculo de que a emissão agregada de todas as fontes de poluição atmosférica, tendo em conta a perspetiva de desenvolvimento, não conduzirá à ultrapassagem das normas MAC na camada superficial [13]. O EMA é estabelecido para condições de plena carga dos equipamentos de limpeza de processos e de gases e para o seu funcionamento normal. O EMA não deve ser excedido num período de 20 minutos. Para fontes pequenas, é conveniente estabelecer o EMA a partir do seu agregado com a combinação preliminar das mesmas numa área ou fonte pontual. O EMA é determinado para cada substância separadamente, incluindo no caso da soma dos efeitos nocivos de várias substâncias [14].

Com base nos resultados do cálculo das normas de EMA para cada fonte estacionária de emissões, é estabelecido o limite de emissão das empresas como um todo, o EMA é estabelecido tendo em conta as concentrações de fundo da concentração máxima energeticamente fiável [15]. Trata-se de uma caraterística da poluição atmosférica e é definida como um valor de concentração que é excedido em não mais de 6% dos casos do número total de observações. A concentração de fundo caracteriza a concentração total gerada por todas as fontes localizadas numa determinada área [16]. O estabelecimento do EMA para uma fonte é precedido pela determinação da sua zona de influência. Para as empresas e fontes cujas zonas de influência se situam inteiramente dentro da cidade, quando a concentração total de todas as fontes é inferior à MPC. Os valores de emissão utilizados nos cálculos são considerados como EMA. Foi criada uma rede de pontos e estações de controlo para obter informações sobre o estado da bacia aérea. O inventário das emissões é efectuado regularmente - contabilização das principais fontes de poluição atmosférica, quantidade e composição das emissões [17].

1.2 Poluição ambiental antropogénica e estado de saúde da população

A poluição ambiental causada pela atividade humana antropogénica tem um certo impacto na formação da saúde da população, especialmente nas condições socioeconómicas modernas. A este respeito, o problema da influência desfavorável dos factores ambientais no estado da saúde humana torna-se cada vez mais relevante todos os anos [18].

No final dos anos 60 - início dos anos 70, G.I. Sidorenko definiu pela primeira vez as tarefas de higiene ambiental relacionadas com a determinação de dependências quantitativas no sistema "ambiente - saúde". Mais tarde, esta ciência desenvolveu critérios e métodos para a avaliação quantitativa do impacto dos factores ambientais [19].

A contribuição dos factores antropogénicos para a formação de desvios na saúde varia entre 10 e 60% [20].

O Cazaquistão tem uma situação ambiental complexa e instável e, nalgumas áreas, até mesmo muito desfavorável. Uma situação ecológica e higiénica desfavorável bastante grave é também caraterística de algumas regiões do Oblast de Akmola. O problema existente predetermina o facto de a questão do impacto da poluição ambiental na saúde pública ter recebido uma ampla ressonância na literatura [21].

A avaliação do significado da poluição ambiental através das respostas biológicas do organismo humano, através de indicadores de saúde, é mais objetiva do que a comparação das concentrações de poluentes individuais com as normas de higiene, porque tem em conta integralmente a influência de todos os poluentes, incluindo os não identificados, e o seu efeito complexo e combinado no corpo humano [22].

Um dos principais factores do impacto antropogénico na saúde é o aerogénico. Neste caso, o impacto no corpo humano pode manifestar-se principalmente através de três tipos de efeitos patológicos.

1. A intoxicação aguda ocorre quando uma dose tóxica por inalação é administrada de uma só vez. As manifestações tóxicas caracterizam-se por um início agudo e por sintomas específicos pronunciados de envenenamento.

2. A intoxicação crónica é causada pela ingestão prolongada, muitas vezes intermitente, de substâncias químicas em doses subtóxicas e começa com o aparecimento de sintomas pouco específicos.

3. Efeitos a longo prazo da exposição a substâncias tóxicas.

- O efeito gonadotrópico manifesta-se pela influência na espermatogénese nos machos e na ovogénese nas fêmeas, o que resulta em perturbações da função reprodutiva do objeto biológico.

- Os efeitos embriotrópicos manifestam-se por perturbações no desenvolvimento intrauterino do feto:

- efeito teratogénico - ocorrência de perturbações de órgãos e sistemas que se manifestam no desenvolvimento pós-natal;

- efeito embriotóxico - morte do feto ou redução do seu tamanho e peso com diferenciação normal dos tecidos.

- Efeito mutagénico - alteração das propriedades hereditárias de um organismo, devido a perturbações do ADN.

- Efeito oncogénico - desenvolvimento de neoplasias benignas e malignas.

Os resultados dos estudos médico-ecológicos e higiénicos mostram de forma convincente que a poluição atmosférica provoca certas manifestações de reacções tóxicas na população, desde as primeiras fases da ontogénese [23].

Efeitos aerogénicos no estado de saúde da população pediátrica.

A formação de distúrbios de saúde infantil no período perinatal está predominantemente associada às condições que surgem na mãe durante a gravidez e é causada pela influência do organismo materno no feto e pela poluição ambiental [24, 25]. Verificou-se que as placentas de mulheres que vivem em condições de poluição atmosférica acrescida apresentam vários sinais de opressão dos mecanismos compensatórios-adaptativos [18, 23]. Certos poluentes têm a capacidade de penetrar na barreira placentária [26, 27]. Sabe-se que mais de 600 substâncias químicas são capazes de penetrar da mãe para o feto através da placenta e, em maior ou menor grau, afetar negativamente o seu desenvolvimento [21]. Por conseguinte, as perturbações do desenvolvimento embrionário estão estreitamente relacionadas com esta capacidade dos xenobióticos, devido à qual o desenvolvimento do embrião ocorre em condições de quimificação do seu ambiente interno.

Foi estabelecida uma diminuição estatisticamente significativa e consistente do peso e do comprimento corporal dos recém-nascidos à medida que o nível de poluição atmosférica aumenta [23]. Nas zonas poluídas, verificou-se um aumento do número de bebés prematuros [28], da percentagem total de bebés com baixo peso à nascença e de bebés grandes [29]. A exposição por inalação a componentes de condensados de gás natural contendo enxofre durante a gravidez leva ao desenvolvimento de hipotrofia de fetos de animais experimentais [30]. Após a exposição pré-natal ao formaldeído, verifica-se uma diminuição dos indicadores de desenvolvimento físico dos ratos [31]. A influência da poluição aerogénica nos indicadores antropométricos à nascença é também notada por outros investigadores [10, 11, 27, 32].

Estudos a longo prazo revelaram uma correlação entre os indicadores de peso à nascença e os níveis de poluição atmosférica por vários poluentes. Foi observada uma correlação direta fiável entre a frequência de nascimentos com baixo peso à nascença e as concentrações de sulfureto de hidrogénio e formaldeído no ar nas fases iniciais da gestação e de monóxido de carbono nas fases posteriores da gestação [33].

Foi também estabelecida uma correlação direta fiável entre a frequência de nascimento de recém-nascidos grandes e a exposição total a dióxidos de enxofre e de azoto nas fases iniciais do desenvolvimento intrauterino, bem como com a exposição ao benzapireno e em fases posteriores [34,35].

Como se pode ver na Figura 1, a contribuição da poluição atmosférica para a formação de vários indicadores antropométricos dos recém-nascidos varia entre 1,1% (perímetro cefálico) e 12,6% (peso corporal), e na formação de distúrbios desarmónicos das caraterísticas de peso e altura à nascença atinge 16,8%. A poeira do ar em áreas residenciais é da maior importância [10].

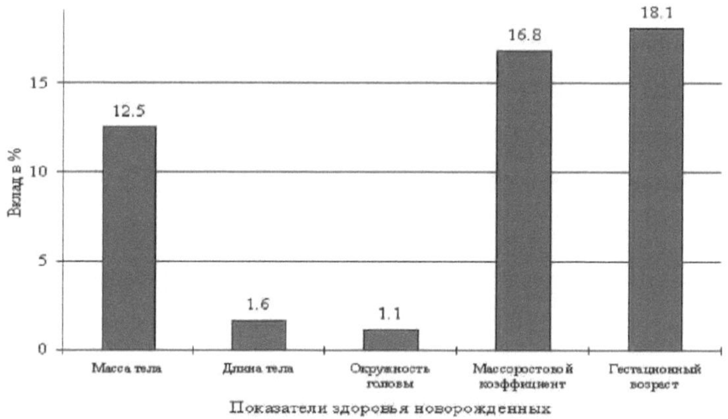

Figura 1. - Contribuição da poluição atmosférica total para a formação de indicadores de saúde do recém-nascido [15].

Vários estudos observaram que a incidência de parto pré-termo é maior em condições ambientais desfavoráveis [16, 36]. Verificou-se que as mulheres grávidas expostas à ação combinada de substâncias químicas e factores físicos têm supressão da imunidade celular e humoral, bem como um elevado título de anticorpos contra os tecidos do ovo fetal e do feto, o que indica a depleção de factores séricos "bloqueadores" e acelera a reação de rejeição do homoenxerto [37].

Uma vasta gama de estudos científicos estabeleceu que a poluição ambiental intensa tem um impacto na prevalência de anomalias congénitas [10, 17, 28, 38].

Verificou-se que as zonas com níveis mais elevados de poluição atmosférica têm uma maior prevalência de malformações congénitas múltiplas, anomalias congénitas dos membros e lábio leporino [39].

A análise de correlação entre os níveis de poluição atmosférica (poeiras, dióxido de enxofre, dióxido de azoto, óxido de enxofre, monóxido de carbono, sulfureto de hidrogénio) e a prevalência de anomalias congénitas em recém-nascidos revelou uma relação fiável apenas com as concentrações de dióxido de azoto (r=0,72). Ao mesmo tempo, verificou-se uma correlação direta significativa com o número de veículos a motor (r=0,98). Pode presumir-se que os poluentes específicos contidos nas suas emissões desempenham um papel neste caso [40].

A avaliação do impacto negativo da poluição ambiental na morbilidade da população pediátrica é considerada a mais informativa [39, 41].

A morbilidade é a resposta mais caraterística e oficialmente registada aos efeitos ambientais nocivos, reflectindo tanto os efeitos a longo prazo como os efeitos crónicos de um poluente [42].

Vários estudos estabeleceram uma certa correlação entre o nível de morbilidade das crianças com menos de 1 ano de idade e a situação ambiental, sendo o impacto da poluição atmosférica na incidência de doenças respiratórias o mais frequentemente referido [1, 26, 38].

Não há dúvidas sobre a relação entre a exposição a produtos químicos aerogénicos e várias patologias respiratórias [19, 26, 43].

Sabe-se que as doenças alérgicas estão entre as principais condições ecopatológicas [44].

Muitos poluentes industriais são inerentemente sensibilizantes e, após adsorção num transportador de proteínas, podem adquirir as propriedades de alergénios de pleno direito [39,45].

Foi estabelecido que, à medida que o impacto tecnogénico no ambiente aumenta, o peso específico dos portadores de bactérias estafilocócicas (residentes) entre a população aumenta.

A exposição aerogénica afecta o estado e o funcionamento do sistema cardiovascular [39,46].

Oncopatologia - como critério de impacto desfavorável da poluição atmosférica antropogénica no corpo humano.

São muitos os trabalhos dedicados ao estudo do efeito carcinogénico dos metais. As propriedades carcinogénicas do níquel e dos compostos de crómio hexavalente foram estabelecidas por muitos investigadores [43, 46, 47]. São carcinogéneos pulmonotrópicos, uma vez que causam mais frequentemente cancro do pulmão [48]. Além disso, a poluição atmosférica pelo crómio pode provocar um aumento das neoplasias malignas da pele e dos sistemas linfático e hematopoiético [20]. Os investigadores assinalaram o papel do cádmio na formação de tumores da próstata [48, 49, 50] e também no cancro do pulmão [51]. A carcinogenicidade do berílio foi estabelecida [52].

Foi determinada a atividade blastomogénica das cinzas volantes de carvão, que pode ser devida à presença de componentes como o níquel, o cobalto, o berílio e o crómio [53].

Foram identificadas propriedades carcinogénicas nos óleos industriais [54].

Foi estabelecido que a incidência e a mortalidade por cancro do pulmão são mais elevadas em zonas com um elevado teor de benz[a]pireno no ar [2, 29]. Foi estabelecida a associação do cancro do esófago com níveis elevados de benz[a]pireno e outros hidrocarbonetos aromáticos policíclicos no ambiente [55]. Os carcinogéneos comprovados são os bifenilos policlorados e as dioxinas [56].

O cloreto de vinilo provoca angiossarcoma do fígado [57].

Não há dúvidas sobre a relação entre o teor de benzeno no ambiente e a prevalência de leucemia [39, 45]. A prevalência desta forma nosológica de patologia cancerígena está também associada à exposição ao butadieno [58].

Foi discutida a ligação entre o cancro do estômago e a exposição à gasolina com chumbo [59]. O papel carcinogénico das emissões dos automóveis com motores diesel foi comprovado [60]. A carcinogenicidade da acroleína foi discutida [52, 53]. Existem provas limitadas de uma ligação entre a exposição ao formaldeído e a ocorrência de cancro da nasofaringe e, possivelmente, de cancro nasal [49].

Um dos principais valores na formação da morbilidade do cancro na população urbana é o rádon [61, 62].

Para além do risco cancerígeno, existe o perigo de exposição tóxica aos poluentes atmosféricos.

O elevado risco de efeitos tóxicos para a população que vive nas imediações das grandes auto-estradas é determinado pelas concentrações de acroleína e acetaldeído [63].

1.3 Análise do estado atual do ambiente da região

1.3.1 Caraterísticas físicas e geográficas da zona de estudo

Foram escolhidos como objeto de estudo três distritos da região de Akmola (Akkol, Burabai, Zerendinsky) com diferentes cargas antropotecnogénicas. Os distritos de Burabai e Zerendinsky são zonas residenciais, os parques nacionais estatais "Burabai" e "Kokshetau" estão aqui localizados, a situação ambiental no distrito de Akkolsky é diretamente afetada por empresas da indústria química localizadas em Stepnogorsk (Figura 2).

Figura 2 - Mapa da industrialização da região de Akmola [17]

A região de Akmola ocupa uma área de 146.219 mil quilómetros². População - 748.326 mil pessoas em 2014.

A região é rica em recursos minerais, representados por reservas significativas dos seguintes minerais: ouro, minérios contendo urânio, minérios de ferro, hulha, materiais de construção [64]. Os minérios dos depósitos são geralmente de composição complexa e contêm, juntamente com os componentes principais e associados, impurezas nocivas, incluindo elementos tóxicos e perigosos para o ambiente ou os seus compostos minerais: isótopos radioactivos de urânio, tório, potássio-40, arsénio, berílio, selénio, fósforo, antimónio, amianto e outros [65]. Existem mais de 20 empresas mineiras e de transformação no Oblast [66].

O clima da região de Akmola é acentuadamente continental, caracterizado por Verões quentes e áridos e Invernos rigorosos. A continentalidade do clima manifesta-se em grandes amplitudes anuais e diárias das flutuações da temperatura do ar [67]. A temperatura máxima média em julho é de +190C, +210C, em janeiro de -160C, -180C. Uma quantidade moderada de precipitação cai durante o ano, em média de 490 a 590 mm. A precipitação caracteriza-se por uma baixa salinidade (até 10,0 mg/l). O valor

18

do pH da precipitação, em média anual, é de - 6,0, com uma norma de 6,0-9,0 [68]. Há casos isolados de precipitação ácida (pH = 4,5). A radiação natural de fundo média no território da região é de 0,25 µSv/hora, com um aumento na parte norte da região em áreas locais até 0,35 µSv/hora e com uma diminuição geral na parte sul até 0,15 µSv/hora [69]. No território do Oblast de Akmola, os resíduos radioactivos são produzidos apenas numa empresa - "Stepnogorsk Mining and Chemical Combine" LLP. Os resíduos radioactivos são produzidos em resultado do enriquecimento de minérios polimetálicos e soluções de processo, licores-mãe durante a lixiviação de minérios e equipamento contaminado.

A velocidade média do vento foi de 4,3 m/s, a frequência de ocorrência de inversões da temperatura do ar à superfície foi de 1-16%. A frequência de ocorrência de estagnação das massas de ar foi de 13,8%, a frequência de ocorrência de periodicidade das inversões foi de 40%, a frequência de ocorrência de nevoeiros foi de 1,2%.

Tudo isto permite caraterizar o regime climático da zona como favorável à auto-purificação da atmosfera [70,71].

1.3.2 Ar condicionado atmosférico

As principais fontes de emissão de poluentes em Akmola Oblast são as empresas de produção de calor e eletricidade e os transportes motorizados. As maiores fontes fixas de poluição atmosférica são a TPP "Jet-7" LLP na cidade de Stepnogorsk e a empresa estatal "District Boiler House No. 2" na cidade de Kokshetau. Os transportes a motor emitem 42,1% da quantidade total de poluentes para o ambiente [64].

As emissões totais de poluentes atmosféricos provenientes de fontes fixas e móveis em 2014 ascenderam a 224,75 mil toneladas, o que representa um acréscimo de 35,67 (15,9%) relativamente ao ano transato (Tabela 1). Este aumento baseia-se principalmente no crescimento da produção industrial na região, na intensificação da atividade das empresas, aumentando a sua capacidade de produção, bem como na conclusão da campanha para envolver em a contabilização das emissões do sector residencial privado na região de Akmola. Além disso, em 2014, a contabilização abrangeu 5.250 unidades de fontes estacionárias, enquanto em 2013 - 2.423 unidades. Este facto é consequência não só de um melhor trabalho de contabilização, mas também do aparecimento de fontes fixas adicionais nas empresas [65].

Quadro 1. - Dados de 2013 e 2014 (toneladas)

Indicadores	2013	2014
Emissões totais	189072,43	224748,47
Emissões de fontes fixas	96878,45	130087,78
incl.: sólido	58468,57	60277,23
gasoso	38409,88	69810,55
Emissões de fontes móveis	92193,98	94660,69

A massa das emissões de poluentes atmosféricos provenientes dos transportes motorizados registou uma variação insignificante, mais 2,7% do que no ano anterior. Ao mesmo tempo, o número total de veículos motorizados registados pelo Departamento de Polícia Rodoviária da região de Akmola totalizou 98305 unidades em 2013 e 103746 unidades em 2014.

As emissões provenientes de fontes fixas aumentaram 34,3%. As razões para o crescimento das emissões de fontes fixas são descritas acima.

As emissões de substâncias sólidas estabilizaram relativamente. O seu crescimento em todo o ano de 2013 foi de apenas 3%. Isto deve-se ao facto de os utilizadores da natureza, obrigados a fazê-lo pelas condições dos estudos de impacto ambiental e das licenças de utilização especial da natureza, bem como pelas instruções dos inspectores da proteção do ambiente, instalarem equipamentos de recolha de cinzas nas suas fontes de emissão.

Em 2014, o número de empresas com volumes relativamente grandes de poluição ambiental aumentou, o que permite classificá-las no grupo de empresas que devem obter a licença ambiental diretamente do MEP. Essas empresas incluem: LLP "Orken-Atansor"; filial da JSC "SSGOPO" mina de dolomita Alekseevsky; LLP "Nefrit-SV" [66].

1.3.3   Estado dos recursos terrestres e dos resíduos de produção e consumo

Uma parte significativa dos resíduos sólidos no território da região é constituída por resíduos industriais, que são representados principalmente por resíduos mineiros no verão e por resíduos de cinzas e escórias no inverno [65].

A comparação dos dados relativos aos volumes de produção de resíduos de 2014 (8846,19 mil toneladas) e 2013 (2385,04 mil toneladas) revela um aumento de 3,7 vezes (Tabela 2).

Tabela 2. - Dados comparativos sobre a produção de resíduos em 2013 e 2014 (em milhares de toneladas)

Indicadores	2013	2014
Total de resíduos	2385,04	8846,19
Incluindo:		
3 classes + ninhada	192,80	140,45
decapagem	669,51	6984,76
cinzas e escórias	614,85	816,05
RSU	907,88	904,93

A principal razão para o aumento é o crescimento relativo da produção industrial na região de Akmola e, em particular, a intensificação das empresas mineiras e de processamento mineiro, acompanhada por um aumento real do volume de formação de sobrecarga. A exaustividade do reflexo da sobrecarga formada nos relatórios das empresas aumentou, bem como a exatidão da própria contabilidade [72]. Se em 2013, 669,51 mil toneladas de minérios de sobrecarga e fora do balanço foram formadas e reflectidas nos relatórios das empresas, em 2014 - 6984,76 mil toneladas, ou seja, 10,4 vezes mais. As rochas de sobrecarga nas empresas da região de Akmola são armazenadas em depósitos de rocha, utilizados para encher estradas nos territórios das empresas, bem como para a formação de instalações de lixiviação em pilha para ouro [67].

Cinzas e escórias em 2013 foram formadas 614,85 mil toneladas, e em 2014 - 816,05 mil toneladas, ou seja, 32,7% a mais. Este crescimento é explicado, como já foi indicado, pela ativação de empresas industriais, em particular, os maiores proprietários de casas de caldeiras - LLP "Jet-7", LLP "SGHK" e SCP na PCW "RK-2" [65]. [65].

Os resíduos da classe de perigo 3 na região de Akmola são representados principalmente por rejeitos de instalações de processamento de ouro da MMC

Kazakhaltyn OJSC. Em 2013, foram gerados 177,56 mil toneladas destes resíduos e mais 3,27 mil toneladas de lubrificantes de arrefecimento da fábrica de rolamentos de Stepnogorsk e lamas de óleo de "Altyntau Kokshetau". O total de resíduos de classe 3 em 2013 foi de 180,83 mil toneladas [73]. Em 2014, foram geradas 120,65 mil toneladas de rejeitos da extração de ouro (a OJSC "MMC Kazakhaltyn" trabalhou nos primeiros 9 meses do ano apenas com um terço da sua capacidade de produção), 6,06 mil toneladas de fluidos de arrefecimento e lamas de óleo, sendo o total de resíduos de classe 3 de 126,71 mil toneladas, ou seja, menos 30% do que no ano passado. Esta diminuição deve-se principalmente ao facto de apenas uma das três minas da MMC Kazakhaltyn OJSC ter funcionado durante os três primeiros trimestres de 2014. As bacias de rejeitos existem no balanço das empresas para armazenar resíduos de classe 3 [68].

O estrume de aves gerado na exploração avícola da Akmola Phoenix JSC, que está classificada na classe de perigo 5, foi de 11,97 mil toneladas em 2013 e de 13,74 mil toneladas em 2014, ou seja, mais 14,8%.

Em 2013, foram produzidas e depositadas em aterros 907,88 mil toneladas de resíduos sólidos urbanos (RSU) e, em 2014, 904,93 mil toneladas, ou seja, quase a mesma quantidade. Os RSU não são utilizados no território da região de Akmola devido à ausência de uma unidade de tratamento de resíduos. Os RSU e uma parte das cinzas e escórias são transportados para aterros sanitários, cujo número na região ultrapassa os 600. As cinzas e as escórias das grandes empresas (LLP "Jet-7", LLP "SGHK", SCP na PCW "RK-2") são armazenadas em aterros especiais de cinzas [69].

Dos 648 acumuladores de resíduos, 118 estão no balanço das empresas, 530 - no balanço das administrações locais [65].

Na região de Akmola, há 3979 utilizadores naturais que poluem o ambiente (incluindo explorações camponesas que apenas utilizam o transporte motorizado como fonte de emissões) [70].

De acordo com os dados do Departamento de Proteção Ambiental de Akmola, existem 14458,5 ha de terras perturbadas na região, dos quais apenas 99,97 ha foram reabilitados [74].

Os principais problemas que afectam o estado dos recursos terrestres são:

- recuperação insuficiente das terras afectadas;

- os aterros rurais não são utilizados para enterrar o lixo, o que cria condições para o seu espalhamento pela vizinhança e para a formação de lixeiras espontâneas;

- Não existem instalações de reciclagem de resíduos de produção e consumo.

As principais fontes de poluição do solo em muitos distritos do Oblast são as lixeiras não autorizadas e as pedreiras abandonadas.

Em muitos distritos não há recuperação destas terras perturbadas; em 2014, nos distritos de Zhaksyn, Atbasar, Enbekshilder e Tselinograd, foram recuperados 24 ha de terras perturbadas em resultado de actividades antropogénicas [75].

De acordo com os dados do Departamento Regional de Akmola da Agência da RK sobre Gestão de Recursos Terrestres a partir de 01.10.2014 (declaração de trabalho para o formulário n.º 22), as terras perturbadas nas terras das povoações são: no distrito de Zerendinsky - 653 ha, Ereimentau - 421 ha, cidade de Kokshetau - 417 ha, Sandyktau - 370 ha, Bulanda - 248 ha, Atbasar - 247 ha. No total, existem 3238 ha de terras perturbadas nas terras das povoações da região [71].

As terras perturbadas das APs ocupam 15 hectares e todas elas estão localizadas no distrito de Burabay.

Os principais factores que afectam o estado dos recursos terrestres são:

- Não é efectuada qualquer recuperação de terras perturbadas;

- O solo e a camada fértil não são completamente removidos durante a reconstrução e a construção de auto-estradas, durante a construção de estradas de circunvalação e de pedreiras de argila;

- Os aterros rurais não estão a ser enterrados, o que resulta num aumento anual da dimensão dos aterros;

- Formação de aterros não autorizados.

- Falta de instalações de reciclagem de resíduos de produção e de consumo.

1.3.4 Estado do subsolo, das águas superficiais e subterrâneas

A região de Akmola tem uma série de grandes depósitos, não só à escala do Cazaquistão, mas também em todo o mundo, tais como: Depósito de ouro Vasilkovskoye, depósito de diamantes técnicos "Kumdykol" - o único no Cazaquistão, depósito de Kuletskoye de moscovite de grão fino e depósitos de urânio. A região possui igualmente reservas significativas de recursos minerais comuns [68].

A exploração mineira tem um impacto antropogénico diversificado no ambiente natural. As alterações que nele ocorrem afectam frequentemente de forma negativa o estado dos sistemas ecológicos [65].

A alienação e a perturbação de terrenos em áreas significativas, a extração de rochas, minerais, águas subterrâneas do subsolo, a eliminação de resíduos sólidos e líquidos resultantes da transformação e concentração de minerais, a criação de infra-estruturas associadas (indústrias adicionais e aglomerados residenciais com as suas águas residuais nocivas e resíduos domésticos) conduzem a alterações no estado e nas propriedades dos maciços rochosos e da hidrosfera subterrânea, afectam as paisagens, as águas superficiais, o solo, a atmosfera e através deles (bem como direta e diretamente).

Os minérios das jazidas, juntamente com os componentes principais e associados, contêm impurezas nocivas: arsénio, berílio, selénio, fósforo, antimónio, amianto, enxofre e outros [76].

A principal tarefa de reduzir o impacto negativo das consequências do desenvolvimento de depósitos minerais no ambiente é assegurar o controlo do cumprimento da legislação da República do Cazaquistão por parte dos utilizadores do subsolo e dos organismos estatais.

No território do Oblast existem 142 objectos do controlo estatal sobre a proteção do subsolo de minerais comuns e cerca de 20 empresas mineiras e de transformação [72].

No Oblast de Akmola, os maiores rios são o Ishim, o Koluton, o Zhabai, o Seleti, o Nura, o Shaglinka, o Kylshakty e o Ters-Akkan. Os restantes rios têm um comprimento reduzido e a maior parte deles seca no verão [73].

Pelo seu regime, os rios pertencem ao tipo de rios de planície, predominantemente alimentados pela neve. Os rios abrem em meados de abril. A água das cheias é turva, inodora e pouco oxidável. Devido à diluição pela água de fusão, o teor de sais de cálcio e magnésio diminui e a dureza diminui. As taxas mais elevadas de mineralização da dureza total são observadas em junho. Em alguns Invernos rigorosos, alguns pequenos rios congelam até ao fundo e o fluxo de água pára temporariamente [74].

A principal artéria de água é o rio Ishim. A população das zonas rurais utiliza a água do rio para fins domésticos e de consumo, tanto de forma centralizada como descentralizada. A barragem de Astana (Vyacheslavskoye) está situada no curso superior do rio. A bacia hidrográfica do rio Ishim na região é de 84,3 km^2, o volume anual de escoamento com 90% de disponibilidade é de 129,97 milhões de m^3/ano [75].

O rio Nura é também um grande rio da região de Akmola. Nura. O seu comprimento é de 406 km e a sua bacia hidrográfica (no oblast de Akmola) é de 9460 km^2. O volume anual de escoamento superficial com uma disponibilidade de 90% na foz do rio é de 66,4 milhões de m^3/ano.

O rio Shaglinka corre na parte norte do oblast, sendo a principal fonte de água do centro do oblast - a cidade de Kokshetau. O comprimento do rio no território do oblast é de 144 km, o volume médio anual do caudal é de 40,77 milhões de m^3/ano.

Existem cerca de 140 grandes lagos e um grande número de pequenos lagos com uma superfície de água inferior a 1 km^2 no território da região. O maior lago é o lago Tengiz. A área do espelho de água é de 1590 km^2. Outro grande lago é o Kurgalzhino, com uma superfície de água de 330 km^2 [77].

As profundidades dos lagos são geralmente pouco profundas. A sua profundidade média não excede 1,0 - 1,5 metros. Devido ao relevo plano do fundo das bacias lacustres, o tamanho dos lagos no verão diminui acentuadamente. A maioria dos pequenos lagos seca, alguns deles retêm apenas canais separados. Um número significativo de lagos na região está em fase de degradação devido ao assoreamento e ao crescimento gradual das suas cavidades com vegetação aquática [71].

No entanto, a situação mais difícil desenvolveu-se na zona balnear de Shchuchinsko-Borovsky (a seguir designada por zona balnear de Shchukchye), onde, em consequência da retirada irremediável de água, se regista uma diminuição anual do volume de água nos lagos (o exemplo mais típico é o lago Shchuchye).

Devido ao balanço hídrico negativo, os lagos ShchBKZ têm estado a diminuir de profundidade. Desde 1986, o nível da água tem vindo a diminuir anualmente de 15 a 20 cm. Assim, o nível do lago Shchuchye desceu 2,18 m, o do lago Bolshoye Chebachye 1,5 m e o do lago Maloye Chebachye 0,7 m. Ao mesmo tempo, o estado das massas de água de superfície da ShchBKZ não é suficientemente monitorizado. Atualmente, segundo a RSE "Kazgidromet", as estações de medição funcionam nos lagos Borovoye, Bolshoye Chebachye e Shchuchye [75].

Um dos problemas de Shchukhinsk é o abastecimento de água. Para satisfazer as necessidades domésticas de consumo da cidade de Shchuchinsk, é retirada água de 1,3 milhões de m³ por ano do lago Shchuchye . Isto leva a uma descida do nível da água no lago. Na área da estância, são utilizados 17 poços subterrâneos para o abastecimento de água. Para o abastecimento de água da zona balnear de Shchuch'e, entre 1968 e 1970, foi efectuada a pesquisa de depósitos subterrâneos de água. Os hidrogeólogos da expedição hidrogeológica de Sinegorsk descobriram depósitos de água subterrânea com uma reserva operacional total de 411 litros por segundo. Praticamente todas estas reservas não são exploradas atualmente, embora a exploração dos depósitos de águas subterrâneas de Shchuchinsk e Verkhne-Kylshaktynskoye com o envolvimento das reservas de águas subterrâneas do depósito de Kazgorodskoye pudesse resolver completamente o problema do abastecimento de água à cidade de Shchuchinsk com a exclusão da captação de água do Lago Shchuchye [76].

Os factores que afectam a composição qualitativa e quantitativa das águas subterrâneas e superficiais são: retirada irremediável de água, poluição e entupimento de massas de água, lavagem da camada superior de terras aráveis localizadas na área de captação. O desenvolvimento de algas azuis-verdes leva ao crescimento intensivo de vegetação aquática nas massas de água. Os principais poluidores dos lagos são as povoações e as empresas industriais localizadas nas suas zonas de captação [77].

As más condições técnicas dos sistemas de abastecimento de água e a poluição das fontes de água de superfície criam um dos problemas mais urgentes - fornecer à população água potável de qualidade [78, 79].

O abastecimento de água à população e às instalações de produção do oblast foi negativamente afetado pelo facto de, nos últimos anos, as condutas de água dos grupos Sergeevsky, Seletinsky, Yaroslavsky, Yablonevsky, Kiyminsky, Derzhavinsky e Zerendinsky terem deixado de funcionar.

A poluição intensiva das fontes de água, as más condições sanitárias e técnicas das instalações e redes de abastecimento de água, a elevada contaminação microbiana da água potável nos centros distritais e nas povoações rurais são as causas das complicações epidemiológicas e da elevada incidência de infecções intestinais agudas [80].

Em 2014, em comparação com 2013, registou-se uma diminuição da captação de água. Assim, em 2014, a retirada total de água foi de 127,638 milhões de m³, o que representa menos 3,497 milhões de m³ em relação ao mesmo período de 2013 (Tabela 3).

Quadro 3. - Captação de água para consumo humano e necessidades técnicas (milhões de metros cúbicos)

Nome da necessidade	2013	2014
Captação de água, total	131,135	127,638
Incluindo: superficial	62,493	67,759
subterrâneo	42,671	40,919
Perdas de transporte	25,971	18,960

A diminuição da captação de água deveu-se principalmente a uma redução das perdas de transporte.

Em 2014, registou-se uma ligeira diminuição da utilização das águas subterrâneas, enquanto a captação de águas superficiais aumentou.

Apesar da aplicação de medidas destinadas a melhorar o abastecimento de água às povoações (substituição de condutas principais e ramais), as perdas de água durante o transporte continuam a ser elevadas. Em 2014, as perdas totais de água ascenderam a 18,96 milhões de metros[3], uma vez que muitas condutas de água principais *e* derivadas se degradaram devido a um longo período de funcionamento.

Basicamente, no território da região, a poluição das fontes de água superficiais e subterrâneas ocorre devido à descarga de águas residuais insuficientemente tratadas e não tratadas em tanques de armazenamento e campos de filtração. Das 38 instalações de tratamento com uma capacidade total projectada de 83,6 milhões de m^3/ano, apenas 7 instalações estão em funcionamento [81].

Os volumes de descarga de águas residuais para 2013 e 2014 são apresentados no Quadro 4.

Tabela 4. - Volumes de descarga de águas residuais (mln. m^3)

Indicadores	2013	2014
Total, eliminação de águas industriais	22,032	37,49
Inclusão em massas de água de superfície	6,09	10,669

O aumento do volume de descarga de águas residuais está associado ao aumento da produção de produtos que requerem a utilização de água técnica e potável, a qual, tendo ficado contaminada no processo de utilização, passa para a categoria de águas residuais. Um fator importante que influencia o aumento da descarga de águas residuais é o crescimento da população que vive nas cidades e noutros aglomerados populacionais.

Existem as seguintes saídas de água para a descarga de águas residuais em fontes de água de superfície no Oblast de Akmola: instalações de tratamento em Stepnogorsk (Jet-7 LLP) e instalações de drenagem de águas pluviais no sítio industrial da antiga JSC Progress (Krodako LLP). As águas residuais das instalações acima referidas são descarregadas no rio Aksu depois de serem tratadas nas instalações de tratamento. Os resultados das observações mostram que, após a descarga das águas residuais destas empresas no rio, o teor de sal de amónio, nitratos e sólidos em suspensão aumenta, mas não excede as normas admissíveis. A composição qualitativa da água no rio a jusante das descargas satisfaz plenamente os requisitos para massas de água de uso sanitário e doméstico [79].

A descarga de água da cidade de Kokshetau é efectuada em instalações de tratamento biológico com uma capacidade projectada de 32 mil m^3/dia. Apenas 18 mil m^3/dia são submetidos a tratamento biológico [82].

A questão do tratamento das águas residuais é resolvida de forma irracional, uma vez que as águas residuais que passam pela estação de tratamento são misturadas com águas residuais não tratadas e descarregadas no reservatório de Myrzakolsor, que foi aceite como uma opção temporária para a acumulação de águas residuais com um volume projetado de 49 milhões de metros^3. Em resultado da construção de uma barragem de proteção, o volume do reservatório foi aumentado para 120 milhões de metros^3. O volume efetivamente acumulado foi de 110 milhões de metros^3. Para evitar o enchimento excessivo do reservatório de Myrzakolsor, a KNS-13 transfere as águas residuais para o reservatório de Akhmetzhansor, que tem uma capacidade projectada de 20 milhões de m^3, com uma acumulação real de 15 milhões de m$^{(3)}$) [83].

Não é abordada a questão da construção de biopiscinas para proporcionar um tratamento adicional em profundidade das águas residuais, a fim de resolver o problema da sua posterior utilização. Isto resolveria o problema da utilização das águas residuais e não constituiria uma ameaça de situação de emergência nos tanques de armazenagem [84].

O tratamento das águas residuais em Shchuchinsk é efectuado em instalações de tratamento mecânico e biológico completo com uma capacidade de 16,5 mil m^3 por dia. As águas residuais tratadas são descarregadas no tanque de armazenamento "Balykty" com uma capacidade de 14,5 milhões de m^3.

As águas residuais da destilaria Aidabul, após tratamento, são descarregadas num tanque de armazenamento de águas residuais.

As instalações mecânicas de tratamento de águas residuais da "Shchuchinskaya poultry farm" LLP, cuja capacidade projectada era de 2,5 mil m^3/dia, ficaram completamente degradadas e foram anuladas do balanço da empresa.

As instalações de tratamento de depuração mecânica e biológica do Campo da Juventude Republicana "Okzhetpes" encontram-se em estado de emergência e não funcionam atualmente. As águas residuais são transportadas por veículos especiais para a bacia de armazenagem sem tratamento [75].

As estações de tratamento de águas residuais situadas nas estações ferroviárias estão inactivas devido aos pequenos volumes de efluentes insuficientes para o funcionamento normal das instalações de tratamento.

As águas residuais dos centros urbanos são também descarregadas sem tratamento em tanques de armazenamento.

A inexistência de sistemas de esgotos centralizados implica a construção de numerosos colectores locais de águas residuais (fossas), o que cria frequentemente um risco de transbordo e de poluição ambiental [85].

CAPÍTULO 2

MÉTODOS DE AVALIAÇÃO GLOBAL DO GRAU DE STRESS AMBIENTAL NAS REGIÕES ESTUDADAS

Para avaliar a qualidade do ambiente nos distritos estudados da região de Akmola, foram efectuados estudos e analisados os dados disponíveis sobre a poluição do ar, da água e do solo.

2.1 Determinação dos principais indicadores da poluição atmosférica

O teor de fenol, dióxido de enxofre, monóxido de carbono, dióxido de azoto e formaldeído foi determinado no ar atmosférico.

Os principais critérios de qualidade são os valores das concentrações máximas admissíveis (MPC) de poluentes no ar das zonas residenciais.

Determinação da concentração média diária de fenol no ar atmosférico.

Para o ar atmosférico, a CMA média diária de fenol é de 0,003 mg/metro cúbico; a CMA única máxima é de 0,01 mg/metro cúbico, classe de perigo 2 [86].

Método de medição. O método baseia-se na absorção do fenol do ar por uma solução de carbonato de sódio, na extração das impurezas com hexano, na extração do fenol da solução resultante com acetato de butilo, na sua re-extração para uma solução aquosa de hidróxido de sódio e na medição da concentração mássica após acidificação da re-extração. Durante o processo de medição, a fluorescência do fenol é excitada, registada e o teor de fenol é automaticamente calculado utilizando uma caraterística de calibração armazenada na memória do analisador [87].

Amostragem do ar. Ao analisar o ar atmosférico de áreas residenciais, a amostragem é efectuada de acordo com GOST 17.2.3.01. O tempo de amostragem é de 25 - 30 min. por aspiração em dois recipientes de absorção ligados consecutivamente, cheios com 5 cm cúbicos de solução de absorção; o caudal volumétrico é de 2,0 dm cúbico /min. É recolhido um total de 50 dm cúbicos de ar.

O período de armazenamento das soluções de absorção em recipientes fechados após a amostragem é de 12 horas.

Numa ampola de decantação com uma capacidade de 50 centímetros cúbicos, colocar 10 centímetros cúbicos de acetato de butilo e adicionar 10 centímetros cúbicos de solução de hidróxido de sódio, de acordo com o ponto 5.1.3. Após mistura e separação completas das camadas, a superior é rejeitada e a camada aquosa inferior é vertida para um copo seco com uma capacidade de 25 - 50 centímetros cúbicos, adicionar solução de ácido clorídrico, de acordo com o ponto 5.1.2, controlando o pH com um indicador universal. O valor de pH requerido é de 3 a 6. A solução obtida (solução de controlo) é analisada no dispositivo "Fluorat-02" [88]. [88].

É efectuada uma calibração preliminar do instrumento.

Para os analisadores das modificações "Fluorat-02-1" e "Fluorat-02-3", a regulação do modo "Background" é efectuada utilizando água destilada, e o parâmetro "A" no modo "Graduation" - utilizando uma solução de fenol com concentração de 1 mg/dm (ponto 5.1.5), tendo previamente levado o pH desta solução a 3 - 6 com uma solução de ácido clorídrico, de acordo com o ponto 5.1.2. O parâmetro "C" é regulado para 1,000.

Determinar a concentração de fenol na solução de controlo no modo "Medição". Se o valor medido for superior a 0,02 mg/dm cúbico, o solvente tem de ser purificado.

Para o efeito, numa ampola de decantação com uma capacidade de 1000 cc, agitar 700 - 750 cc de solvente com 50 cc de solução de hidróxido de sódio, de acordo com 5.1.3, durante 3 min. O pH da camada inferior é verificado com papel indicador universal. Se a reação do meio for fortemente alcalina (pH > 10), o solvente é lavado com água destilada em porções de 50 cc até que a água de lavagem atinja uma reação neutra.

O solvente é então seco sobre cloreto de cálcio anidro e destilado, recolhendo uma fração que ferve a 124 - 126 °C [86].

Efetuar medições

A solução absorvente da cuba de Richter é transferida para a ampola de decantação com uma capacidade de 50 cc, a cuba é lavada com água destilada e a água de lavagem é adicionada à solução de base. As soluções pertencentes a uma amostra (no caso de amostragem em dois recipientes ligados consecutivamente) são combinadas.

Adicionar 10 cc de hexano e extrair durante 1 min. Após a separação das camadas, a camada aquosa inferior é transferida para outra ampola de decantação. A camada de hexano é rejeitada. À solução contida na ampola de decantação, adicionar, gota a gota, uma solução de ácido clorídrico, de acordo com 5.1.2, até obter um pH 3-6 (atenção: é possível a formação de espuma!), adicionar 10 cc de acetato de butilo e extrair durante 1 minuto. Eliminar a camada aquosa e adicionar à camada orgânica, com uma pipeta, 5 cc de solução de hidróxido de sódio, de acordo com o ponto 5.1.3, extraindo novamente durante 1 minuto [86, 87].

Colocar o re-extrato obtido num copo seco, verificar o pH da solução com o indicador universal (deve ser > 10) e acidificar com ácido clorídrico de acordo com 5.1.2. Verificar o pH da solução com o indicador universal (deve ser 3 - 6) e transferir para uma cuvete. Medir o teor de fenol na amostra no modo "Medição".

Processamento dos resultados de medição

A concentração mássica de fenol na amostra (X, mg/metro cúbico) é calculada de acordo com a fórmula (1):

$$X = \frac{Q}{V_0},\qquad (1)$$

Onde:

Q - teor de fenol no recipiente de absorção, µg;

V0   - volume de ar recolhido para análise e reduzido a normal (levantamento do ar atmosférico; pressão de 760 mmHg,

temperatura O °C) ou condições normalizadas (área de trabalho com levantamento de ar; pressão 760 mmHg, 20 °C), dm cúbico.

Por sua vez, Vo é encontrado pela fórmula (2):

$$V_0 = G \times \frac{P}{273 + t} \times U \times \text{Tay}\qquad (2)$$

Onde:

t - temperatura do ar aquando da recolha de amostras (à entrada do aspirador), °C;

P - pressão atmosférica aquando da recolha de amostras, mmHg ou kPa;

G é um fator de conversão igual a 0,359 quando a pressão é medida em mmHg. Quando a pressão é medida em kPa, é igual a 2,9;

U - caudal de ar na amostragem, cu. dm/min;

tau - duração da amostragem, min.

Se o dispositivo de amostragem registar diretamente o volume de ar (V, dm cúbico), o produto U tau é substituído por V na fórmula acima [88].

Determinação da concentração média diária de dióxido de enxofre e monóxido de carbono no ar atmosférico.

Para determinar o dióxido de enxofre e o monóxido de carbono no ar atmosférico, utiliza-se o método de fluorescência ultravioleta com um analisador automático de gases. O sinal de saída da amostra de ar analisada é registado.

Determinar a concentração adequada (utilizando a função de calibração).

O resultado da medição deve ser expresso em microgramas por metro cúbico ou em miligramas por metro cúbico ou em fracções de volume equivalentes:

d ± D ao nível de confiança P=0,95,

em que ± D é o valor do erro caraterístico do resultado da medição, especificado na documentação relativa a um determinado tipo de analisador automático de gases ou indicado no documento normativo que estabelece a metodologia de medição da concentração mássica de dióxido de enxofre utilizando esse tipo de analisador automático de gases.

Para converter milionésimos (ml/m^3) em miligramas por metro cúbico (mg/m^3), utiliza-se a seguinte fórmula (3)

$$\rho_1 = \frac{\varphi_2 \cdot 64 \cdot 273 p}{22{,}407\, T \cdot 1013}, \qquad (3)$$

em que g1 - concentração mássica de SO2 (CO), mg/m^3;

j$_2$ - fração volumétrica de SO2 (CO), ml^{-1} (ml/m$^{3)}$;

64 - massa molar do SO2 (CO), g/mol;

273 - temperatura absoluta padrão, K;

p - pressão do gás medida, hPa;

22.407 é o volume de 1 mole de gás à temperatura de 273 K e à pressão de 1013 hPa, l;

T - temperatura medida, K;

1013 - pressão normal do gás, hPa [86-88].

Determinação da concentração média diária de dióxido de azoto no ar atmosférico.

O método de determinação do teor de dióxido de azoto no ar com o reagente de Griss-Ilosvay baseia-se na interação do dióxido de azoto com o ácido sulfanílico para formar um composto diazóico, que reage com a-naftilamina para produzir um corante azo. Este último cora a solução de rosa pálido a vermelho-violeta. A quantidade de NO2 é determinada pela intensidade da coloração da solução. A sensibilidade da determinação é de 0,1 µg no volume de amostra analisado.

Para determinar a concentração única de NO2, o ar ensaiado é aspirado através de um absorvente Richter cheio com 6 ml de solução absorvente a um ritmo de 0,25 l/min durante 20 min. No laboratório, o nível da solução no aparelho absorvente é levado até à marca dos 6 ml com água destilada. Para análise, transfere-se 5 ml da solução de cada amostra para um tubo de ensaio e adiciona-se 0,5 ml do reagente composto. O conteúdo dos tubos de ensaio é agitado cuidadosamente e, após 20 minutos (imediatamente antes da medição), são adicionadas 5 gotas de solução de Na2SO3 a 0,06% aos tubos de ensaio e agitados novamente.

A densidade ótica é medida em cuvetes de 10 mm a um comprimento de onda de 540 nm em relação à água. O tempo decorrido entre a adição do reagente composto e a medição da densidade ótica de todas as amostras deve ser o mesmo.

A quantidade de NO2 nas amostras é determinada a partir do gráfico de calibração. Ao mesmo tempo, mede-se a densidade ótica da amostra zero.

O cálculo das concentrações de dióxido de azoto no ar é efectuado de acordo com a fórmula (4):

$$C = \frac{a \cdot m}{V_0 \cdot b},\qquad (4)$$

Onde:

a - volume total da amostra no aparelho de absorção (6 ml);

b é o volume da amostra a analisar (5 ml);

m - quantidade de NO2 na amostra, determinada a partir do gráfico de calibração, µg; V_0 - volume de ar aspirado, reduzido às condições normais, litros.

Determinação da concentração média diária de formaldeído no ar atmosférico.

A amostragem do ar atmosférico das zonas povoadas é efectuada por dois recipientes de absorção ligados consecutivamente, nos quais são colocados 5 cc de solução de absorção diluída. O tempo de amostragem é de 20 min. por aspiração com um caudal volumétrico de 0,2 - 0,25 dm cúbicos/min.

O período de armazenagem das soluções absorventes em recipientes fechados não é superior a 24 horas. Efetuar uma série de análises com a mesma solução de absorção. O período de armazenagem das amostras recolhidas não é superior a um dia [89].

Medições. As soluções de cada recipiente de absorção são transferidas para um tubo de ensaio com rolha capsulada, com uma capacidade de 10 cc. Colocar o tubo num banho de água e aquecê-lo durante 45 minutos a 60 °C (as soluções das amostras devem ser aquecidas simultaneamente com as soluções de calibração do analisador).

As soluções são arrefecidas e o teor de formaldeído de cada recipiente de absorção é medido no modo "Medição".

Tratamento dos resultados das medições. A concentração mássica de formaldeído na amostra (X, mg/metro cúbico) aquando da amostragem nos recipientes de absorção é calculada pela fórmula (5):

$$X = \frac{q_1 + q_2}{V_0},$$ (5)

Onde:

q - teor de formaldeído na primeira solução de absorção, µg;

q - teor de formaldeído na segunda solução de absorção, µg;

Vo - volume de ar recolhido para análise e ajustado às condições normais (estudo do ar atmosférico; pressão 760 mm Hg, temperatura 0°C) ou normais (estudo do ar na área de trabalho; pressão 760 mm Hg, 20°C), dm cúbico.

Por sua vez, Vo é encontrado pela fórmula:

$$V_0 = G \times \frac{P}{273 + t} \times U \times \text{тay}$$ (6)

Onde:

t - temperatura do ar aquando da recolha de amostras (à entrada do aspirador), °C;

P - pressão atmosférica aquando da recolha de amostras, mmHg ou kPa;

G é um fator de conversão igual a 0,359 quando a pressão é medida em mmHg. Quando a pressão é medida em kPa, é igual a 2,9;

U - caudal de ar na amostragem, dm cúbico/min;

tau - duração da amostragem, min [86-89].

2.2 Determinação dos principais indicadores de poluição das águas de superfície

Determinação de indicadores organolépticos da qualidade da água.

Determinação do odor. A natureza e a intensidade de um odor são determinadas pela sensação do odor percepcionado. Existem dois grupos de odores: os odores naturais e os odores artificiais. Normalmente, a natureza do odor da água é descrita pelos termos apresentados no Quadro 5.

A intensidade do odor da água potável é avaliada utilizando o sistema de 5 pontos apresentado no Quadro 6.

Modo de determinação. O odor da água é determinado à temperatura ambiente e a 60 °C.

Determinação do odor à temperatura ambiente. Enche-se um balão com rolha esmerilada com uma capacidade de 200-300 cm^3 até 2/3 do volume da água a ensaiar, agita-se vigorosamente, abre-se a rolha e inala-se o odor.

Quadro 5 - Escala de avaliação do carácter odorífero

Símbolo	Natureza do odor	Género aproximado do odor
A	Aromático	Pepino, floral
Б	Swampy	Seda, estanho.
Г	putrefacto	Fecal, esgoto
Д	Madeira	Lascas de madeira húmidas, casca de madeira.
З	terroso	Terra estragada, recém-arada, argila.
П	Bolorento	obsoleto
р	Peixes	Óleo de peixe, óleo de peixe
С	sulfureto de hidrogénio	Ovos podres
Т	Relvado	Aparas de relva, feno
Н	Indefinido	De ocorrência natural, não se enquadrando nas definições anteriores
Kalitsun V.I., Laskov Y.M. Práticas laboratoriais de eliminação de águas e tratamento de águas residuais WAT [86]		

Quadro 6 - Avaliação da intensidade dos odores

Intensidade do odor	A natureza da manifestação do odor	Intensidade do odor, pontos
Não	O odor não é percetível	0
Muito fraco	O odor não é percetível para consumidores, mas é detetável num teste laboratorial	1
Fraco	O odor é detectado pelo consumidor se se chamar a sua atenção para ele	2
Notável	O odor é facilmente percetível e	3

	provoca a desaprovação da água	
distinto	O odor chama a atenção e faz com que não se beba	4
Muito forte	O odor é tão forte que torna a água imprópria para consumo	5
Kalitsun V.I., Laskov Y.M. Workshop laboratorial sobre eliminação de águas e tratamento de águas residuais [86]		

Deteção de odores a 60 °C. Para aumentar a intensidade dos odores, aquece-se a água. Enche-se um frasco cónico com uma capacidade de 200-300 ml com água até 1/2 do seu volume, cobre-se com um ampulheta e aquece-se a 60 °C. Em seguida, agita-se o frasco com um movimento rotativo e, movendo o vidro, determina-se rapidamente a natureza e a intensidade do odor.

Definição de sabor. A água potável deve ter um sabor agradável e refrescante, sem qualquer sabor desagradável.

O sabor da água depende da composição mineral da água, da sua temperatura e dos gases dissolvidos.

Existem quatro sensações gustativas básicas: salgado, ácido, doce e amargo. Todas as outras sensações gustativas são designadas por sabores (alcalino, metálico, cloro, adstringente, etc.).

A determinação do sabor e do aroma é efectuada em água segura conhecida a uma temperatura de 20°C. Em casos duvidosos, a água é fervida durante 5 minutos e arrefecida.

Modo de determinação. A água testada é introduzida na boca em pequenas porções, sem engolir, e mantida durante 3 a 5 segundos. Regista-se a presença de sabor (salgado, amargo, ácido, doce) ou de gosto residual (alcalino, glandular, metálico, adstringente, etc.) e determina-se a sua intensidade de acordo com um sistema de 5 pontos semelhante ao do odor (quadro 6): 0 pontos - sem sabor; 1 ponto - muito fraco; 2 pontos - fraco; 3 pontos - percetível; 4 pontos - distinto; 5 pontos - muito forte.

Determinação da cor da água. A cor é uma propriedade natural da água devido à presença de substâncias húmicas, que se formam durante a destruição dos compostos orgânicos e que lhe conferem uma cor amarelada a castanha.

A cor da água é determinada fotometricamente através da comparação de amostras de água de ensaio com padrões que simulam a cor da água natural.

Curso de determinação.

1. Preparação da escala de cores

Para preparar a escala de cores, misturar as soluções n.º 1 e n.º 2 em cilindros Nessler nas proporções indicadas no quadro 7. A escala é conservada num local escuro durante 1-2 meses.

Após a medição da densidade ótica das soluções, traça-se um gráfico com os graus de cromaticidade no eixo das abcissas e a densidade ótica das soluções no eixo das ordenadas.

2. Mede-se 100 cm^3 (ou 10 cm$^{3)}$ de água de ensaio filtrada para uma proveta de Nessler, observando-a de cima contra um fundo branco e comparando-a com a escala de cores.

Quadro 7 - Relação das soluções para a preparação da escala de cores (escala de cores crómio-cobalto)

Solução n.º 1, ml	0	1	2	3	4	5	6	8	10	12	14
Solução N.º 2, ml	100	99	98	97	96	95	94	92	90	88	86
Graus cor	0	5	10	15	20	25	30	40	50	60	70
Kalitsun V.I., Laskov Y.M. Workshop laboratorial sobre eliminação de águas e tratamento de águas residuais [86]											

3. Ao determinar a cromaticidade utilizando FEC, a densidade ótica de uma amostra de água filtrada é medida num filtro de luz azul a 413 nm numa cuvete com uma espessura de camada absorvente de luz de 5-10 cm. A água destilada serve de controlo. A partir da densidade ótica obtida no gráfico de calibração, encontra-se o valor da cor em graus.

A cor da água potável não deve ser superior a 20°, caso em que é considerada praticamente incolor. Em casos individuais, as autoridades epidemiológicas estatais podem autorizar a utilização de água com uma cor até 35° [86].

Determinação do índice de hidrogénio (pH) da água.

O valor de hidrogénio da água (pH) - caracteriza a reação ativa, determina as propriedades naturais da água e é um indicador de poluição. A água natural tem geralmente uma reação ligeiramente alcalina. Um aumento da alcalinidade indica poluição ou florescimento, enquanto uma reação ácida indica a presença de substâncias húmicas (água dos pântanos) ou de águas residuais industriais. O valor de hidrogénio da água potável (pH) deve situar-se no intervalo de 6,09,0.

Modo de determinação. A reação qualitativa (pH) é determinada pelo indicador. Uma tira de papel indicador é imersa num frasco com a água testada e a sua coloração é comparada com os padrões da escala do indicador universal de pH [88].

Determinação das substâncias que contêm azoto.

O indicador de poluição da água por substâncias orgânicas de origem animal são os sais de amoníaco, os ácidos nítrico e nitroso. O teor de sais de amónio superior a 0,1 mg/dm^3 indica poluição da água doce, porque o amoníaco é o produto inicial da decomposição de substâncias orgânicas que contêm azoto.

Os sais de ácido nítrico (nitritos) são produtos da oxidação do amoníaco sob a influência de microrganismos no processo de nitrificação. A presença de nitritos em quantidades superiores a 0,002 mg/dm^3 indica a idade da poluição.

Os sais de ácido nítrico (nitratos) são os produtos finais da mineralização da matéria orgânica. A presença na água de nitratos sem amoníaco e nitritos indica a conclusão do processo de mineralização.

O teor simultâneo de amoníaco, nitritos e nitratos na água indica uma fonte de água claramente desfavorável, uma poluição permanente. Quantidades elevadas de nitritos e nitratos sem a presença de amoníaco indicam a cessação da poluição no momento atual. A presença de amoníaco e de nitritos na água indica o aparecimento recente de uma fonte permanente de poluição. A presença apenas de nitratos na água indica o fim dos processos de mineralização.

O teor admissível de nitratos na água potável não é superior a 45 mg/dm^3.

A investigação química começa com reacções qualitativas, para não perder tempo a quantificar os sais que não estão presentes na água.

Determinação do azoto dos sais de amónio. O método baseia-se na capacidade do amoníaco e dos iões de amónio formarem um composto com o reagente de Nessler (iodeto de amónio Merkur), que dá à solução uma coloração amarelo-acastanhada. A intensidade da coloração é proporcional ao teor de amoníaco da água.

Determinação qualitativa de sais de amónio com quantificação aproximada.

Método de determinação. Num tubo de ensaio de vidro incolor com fundo plano e diâmetro de 13-14 mm, deitar 10 cm$^{(3)\,de}$ água em estudo, adicionar 0,2 cm^3 de sal de segnet (ácido tartárico de sódio e potássio) e 0,2 cm$^{(3)\,de}$ reagente de Nessler. Após 10 minutos, proceder à determinação aproximada do azoto amoniacal de acordo com o quadro 8.

Quadro 8 - Determinação aproximada do azoto amoniacal

| Colorir na revisão | | Teor de azoto amoniacal, mg/dm^3 |
Ao lado	De cima para baixo	
Não	Não	Menos de 0,04
Não	Extremamente ténue amarelado	0,08
Amarelado extremamente ténue	Amarelado ténue	0,2
Amarelado muito ténue	Amarelado	0,4
Amarelado claro	Amarelo	2,0
Amarelo	Intensamente amarelo-acastanhado	4,0
Nublado, fortemente amarelo	Castanho. A solução é turva	8,0
Intensamente castanho. A solução está turva	Castanho. A solução é turva	20,0
Kalitsun V.I., Laskov Y.M. Workshop laboratorial sobre eliminação de águas e tratamento de águas residuais [86]		

Em regra, as águas naturais limpas contêm 0,01-0,1 mg/dm$^{(3)\,de}$ azoto amoniacal.

Determinação quantitativa do azoto dos sais de amónio.

Processo de determinação. O volume de água para o estudo é tomado tendo em conta os resultados de uma amostra qualitativa com uma avaliação quantitativa aproximada. Se o teor de NH^{+4} na água for superior a 0,5 mg/dm$^{(3),}$ a amostra deve ser diluída.

Para determinar a quantidade de sais de amónio, a solução previamente obtida é vertida numa cuvete FEC de 10 mm. A determinação é efectuada com um filtro de luz azul com um comprimento de onda de 400-425 nm. Utiliza-se água destilada como solução de controlo. O resultado é comparado com os dados do quadro 9.

Quadro 9 - Teor de amoníaco na água em função da densidade ótica das soluções

Densidade ótica das soluções (por FEC)	Teor de amoníaco mg/l	Densidade ótica das soluções (por FEC)	Teor de amoníaco mg/l
0,063	OD	1,130	1,8
0,070	0,2	0,138	2,0
0,080	0,4	0,146	2,2
0,085	0,6	0,153	2,4
0,092	0,8	0,161	2,6
0,100	1,0	0,168	2,8
0,108	1,2	0,176	h,o
0,115	1,4	0,183	3,2
0,123	1,6	0,191	3,4
Kalitsun V.I., Laskov Y.M. Workshop laboratorial sobre eliminação de águas e tratamento de águas residuais [86]			

Determinação do azoto nitrito. O método baseia-se na interação entre o nitrito e o reagente de Griess, que é uma mistura de a-naftilamina e ácido sulfanílico em ácido acético, resultando na formação de compostos diazóicos, cuja coloração vai do rosa ao vermelho intenso, dependendo da concentração de azoto nitrito.

Definição qualitativa com quantificação aproximada.

Curso de determinação.

Num tubo de fundo plano de vidro incolor com um diâmetro de 13-14 mm, adicionar 10 cm$^{(3)}$ ^{de} água de ensaio e 0,5 cm$^{(3)}$ ^{de} reagente de Griess. Colocar num banho-maria a 50-60°C e aquecer durante 10 minutos. O teor aproximado de nitritos é determinado de acordo com o quadro 10.

O teor de azoto nitrito das águas naturais puras é geralmente inferior a 0,005 mg/dm^3.

Quadro 10 - Determinação aproximada do azoto nitrito na água

Colorir na revisão		Teor de azoto nitrito
Ao lado	De cima para baixo	mg/dm^3
Não	Não	Menos de 0,001
Rosa pouco percetível	Cor-de-rosa extremamente ténue	0,002
Um rosa muito ténue	Rosa fraco.	0,004
Rosa fraco.	Rosa claro	0,02
Rosa claro	Cor-de-rosa	0,04
Cor-de-rosa	Rosa intenso	0,07
Rosa forte	Vermelho	0,2
Vermelho	Vermelho vivo	0,4
Kalitsun V.I., Laskov Y.M. Workshop laboratorial sobre eliminação de águas e tratamento de águas residuais [86]		

Determinação quantitativa do azoto nitrito na água.

Modo de determinação. Se o teor de nitritos na água for superior a 0,05-0,07 mg/dm$^{(3),}$ a amostra deve ser diluída.

Adicionar 2 cm$^{(3)\,de}$ reagente de Griess a 50 cm$^{(3)\,da}$ amostra de ensaio, misturar, colocar num banho de água a 50-60°C e, após 10 minutos, efetuar a medição fotométrica a um comprimento de onda de 520 nm em relação à água destilada à qual foi adicionado o reagente de Griess.

A concentração mássica de nitritos é determinada a partir do gráfico de calibração.

Para traçar a curva de calibração, adicionar 0, 0,1, 0,2, 0,5, 1,0, 2,0, 5,0, 10,0, 15,0 cm^3 de solução-padrão de trabalho a balões com uma capacidade de 50 cm^3 e completar o volume com água destilada. Obter soluções que contenham: 0; 0,002; 0,004; 0,01; 0,02; 0,04; 0,10; 0,20; 0,30 mg / dm^3 de nitritos.

Em seguida, procede-se à análise e à análise fotométrica como para a amostra. De acordo com os resultados obtidos, traça-se um gráfico de calibração com as concentrações mássicas de nitritos, em miligramas por 1 dm^3, no eixo das abcissas e os valores correspondentes da densidade ótica no eixo das ordenadas.

O teor de nitritos é determinado de acordo com a fórmula:

$$X = 50 \times C/V \ (mg/dm^3) \qquad (7)$$

Onde:

C - teor de nitritos determinado a partir da curva de calibração, mg/dm^3;

50 - volume da solução-padrão (diluição), cm^3;

V - volume da amostra recolhida para análise, cm^3 [86-88].

2.3 Determinação dos principais indicadores de contaminação do solo

O teor de cobre, crómio, zinco, chumbo e cádmio foi determinado no solo.

Os principais critérios de qualidade são os valores das concentrações máximas admissíveis (MPC) de poluentes no solo.

A determinação dos metais pesados no solo é efectuada por espetrometria de absorção atómica com chama e atomização sem chama. Atualmente, para alguns elementos, incluindo o cobre, o zinco, o mercúrio, o chumbo, etc., os metais pesados são determinados por espetrometria de absorção atómica com chama e atomização sem chama.

Antes da análise, o solo do saco é deitado numa superfície plana, bem misturado, espalhado numa camada de espessura não superior a 1 cm e recolhida uma amostra em pelo menos 5 locais.

Para converter o resultado da análise de uma amostra de solo seca ao ar numa amostra absolutamente seca, o teor de humidade da amostra em estudo deve ser determinado durante a avaliação metrológica dos métodos.

As amostras de solo com peso entre 15 e 50 g são colocadas em copos previamente numerados, secos e pesados.

Para solos argilosos com elevado teor de húmus e elevado teor de humidade são suficientes 15 - 20 g, para solos leves com baixo teor de humidade - 40 - 50 g.

Os copos com terra são pesados com um erro não superior a 0,1 g. Os copos com solo são abertos e, juntamente com as tampas, colocados num armário de secagem. Os solos arenosos são secos durante 3 horas a 105°C, os outros solos - durante 5 horas.

Secagem subsequente durante 1 h para os solos arenosos e 2 h para os outros solos. Os solos rebocados são secos durante 8 horas. A secagem subsequente é efectuada durante 2 h.

Após cada secagem, os copos com terra devem ser cobertos com uma tampa, arrefecidos num exsicador de cloreto de cálcio e pesados com um erro não superior a 0,1 g. A secagem e a pesagem devem ser interrompidas se a diferença entre as novas pesagens não exceder 0,2 g. Os solos com elevado teor de matéria orgânica podem apresentar, nas pesagens repetidas, uma massa superior à das pesagens anteriores, devido à oxidação da matéria orgânica durante a secagem. Neste caso, a massa mais baixa deve ser utilizada para os cálculos.

A humidade do solo (W, %) é determinada pela fórmula:

$$W = \frac{m_1 - m_0}{m_0 - m} \times 100\% . \qquad \ldots\ldots\ldots\ldots (8)$$

Onde:

m_1 - massa do solo húmido com copo e tampa, g;

m_0 - massa do solo seco com chávena e tampa, g;

m - massa do copo vazio com tampa, g.

O cálculo é efectuado com uma precisão de 0,1%. As diferenças admissíveis entre duas determinações paralelas são de 10% da média aritmética das determinações repetidas.

Análises

1. Decomposição química de amostras de solo para determinação de metais pesados a granel. Triturar 10 g de terra seca ao ar e passá-la por um peneiro com orifícios de 2 mm, pesá-la numa balança técnica, introduzi-la num copo químico ou num erlenmeyer com uma capacidade de 200 - 250 cc e adicionar 50 cc de HNO (1:1). Se o solo contiver mais de 5 % de húmus (segundo Tyurin), recomenda-se a incineração seca preliminar da amostra a 575 °C.

Agitar suavemente o conteúdo do frasco, rodando-o.

O copo é coberto com uma ampulheta e colocado num fogão elétrico fechado, levado à ebulição e fervido em lume brando durante 10 minutos.

Em seguida, adicionam-se gota a gota 10 cc de peróxido de hidrogénio concentrado à amostra, agitando-a, e colocam-se de novo num fogão elétrico, levando-a à ebulição e fervendo-a durante mais 10 minutos.

Depois de arrefecer até à temperatura ambiente, a suspensão é filtrada através de um filtro dobrado "fita azul" para um balão de medição com uma capacidade de 100 cc, o filtro com o precipitado é colocado num copo, no qual foi deixado o resto do solo. Deitar 40 cc de ácido nítrico 1 M no copo e colocá-lo no fogão, aquecer e ferver durante mais 30 min.

Depois de arrefecer até à temperatura ambiente, filtra-se o líquido contido no copo para o mesmo balão de medição. O precipitado no filtro é lavado com ácido nítrico quente de concentração (HNO) = 1 mol/dm3 e, após arrefecimento, o volume do filtrado no balão de medição é completado com água destilada.

Ao mesmo tempo, é efectuada uma análise "em branco", incluindo todas as suas fases, exceto a amostragem do solo.

2. Extração de formas móveis de metais pesados dos solos utilizando ácidos.

As formas móveis solúveis em ácido dos metais (Si, Zn, Ni, Co, Cd, Pb) são determinadas em fracções de 1 M HNO ou 1 M HCl.

Nos últimos anos, estes extractantes têm sido utilizados com êxito na análise de solos sujeitos a impactos antropogénicos. De solos fortemente contaminados, o HNO 1 M extrai 90 a 95% dos metais pesados do seu conteúdo bruto. O rácio solo/solução é de 1:10, para solos turfosos - 1:20.

Pesa-se uma amostra de solo de 5 g (2,5 g para solos turfosos) com uma precisão de +/- 0,1 g e coloca-se num balão cónico com uma capacidade de 200 - 300 cc, adicionando-se 50 cc de HNO 1 M à amostra (pode ser utilizado HCl 1 M para a extração de Pb). O peso do solo deve ser aumentado até 10 g aquando da determinação de metais pesados ao nível de fundo. Neste caso, a proporção de solo e solução permanece inalterada.

Agitar a suspensão num rotador durante 1 h ou, após 3 minutos de agitação, insistir durante 24 horas. O frasco é fechado com uma rolha (se for de borracha, é necessário envolvê-lo com película de polietileno).

O extrato é filtrado através de um filtro de pregas de fita branca seco, previamente lavado com 1 M HNO. Antes da filtração, o extrato é misturado e transferido para o filtro o mais completamente possível. No filtrado, os metais pesados são determinados no espetrofotómetro de absorção atómica em chama de acetileno-ar. Se os filtrados estiverem turvos, são devolvidos aos filtros. Simultaneamente, procede-se à análise do branco, incluindo todas as etapas da sua determinação, com exceção da amostragem.

O teor de metais nas amostras de solo estudadas é calculado pela fórmula (9):

$$x = \frac{V \times (A_1 - A_0)}{m}, \qquad (9)$$

Onde:

x - fração mássica do metal determinado na amostra de solo seco ao ar, mln^{-1}, (mg/kg);

Ai - concentração de metais no extrato ácido (tampão) do solo estudado, determinada a partir do gráfico de calibração, mg/dm cúbico;

Ao - concentração de metal na amostra de controlo, determinada a partir do gráfico de calibração, mg/cc dm;

V - volume da solução testada, cc. cm;

m - massa da amostra de solo seco ao ar, g [90].

CAPÍTULO 3

AVALIAÇÃO ECOLÓGICA E HIGIÉNICA INTEGRADA DO ESTADO DO
AMBIENTE NAS REGIÕES ESTUDADAS DA REGIÃO DE AKMOLINSK
OBLAST

3.1 Avaliação ecológica e higiénica do estado do ar atmosférico nos distritos da região de Akmola com diferentes cargas tecnogénicas

Sabe-se que a poluição do ar atmosférico por um complexo de várias substâncias nocivas conduz a alterações desfavoráveis na saúde da população e, em primeiro lugar, das crianças. Devido ao facto de o corpo humano ser muito mais sensível à penetração de substâncias tóxicas através dos pulmões, o estado da atmosfera é um problema importante que requer um estudo cuidadoso [34].

A análise do estado da poluição atmosférica na região de Akmola, no seu conjunto, consiste nas emissões de substâncias nocivas provenientes de fontes fixas e dos transportes motorizados.

As emissões brutas de poluentes para a atmosfera provenientes de todas as fontes em 2014 ascenderam a 338789,94 toneladas. Ao mesmo tempo, a emissão atmosférica bruta de fontes estacionárias é de 209375,46 toneladas, de fontes móveis - 129414,48 toneladas (Figura 3).

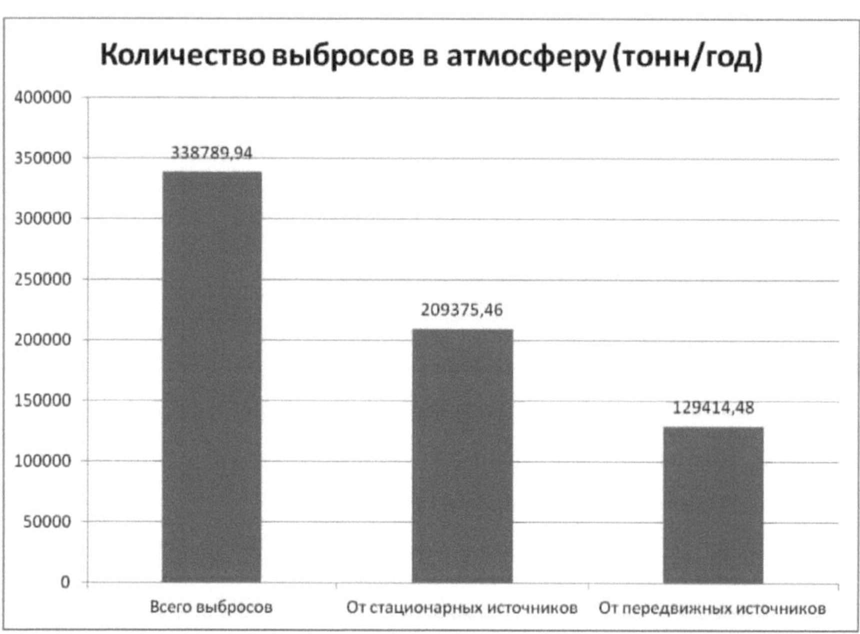

Figura 3 - Volumes de emissões de poluentes para o ar atmosférico na região de Akmola em 2014 (toneladas/ano) [desenvolvido pelo autor] Como se depreende do diagrama, as emissões de fontes fixas excedem as emissões do transporte motorizado em quase 1,6 vezes.

No território da região de Akmola, as principais fontes de poluição do ar atmosférico são as fontes fixas das indústrias extractivas, industriais, de combustíveis e energia, de transportes e estradas, agrícolas e outras (Figura 4),   industriais, de combustíveis e energia, de transportes e estradas, agrícolas e outras empresas (Figura 4).

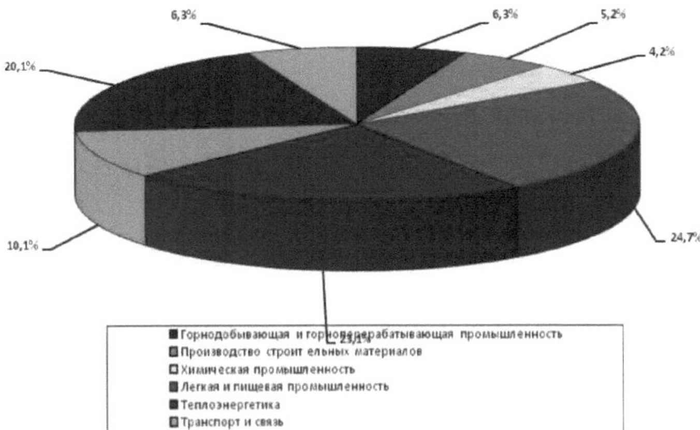

Figura 4 - Contribuição dos sectores de produção para a poluição do ar atmosférico em Akmola Oblast

As emissões de fontes fixas são dominadas pelo monóxido de carbono, dióxido de azoto, dióxido de enxofre, fenol, formaldeído e poeiras (Figura 5).

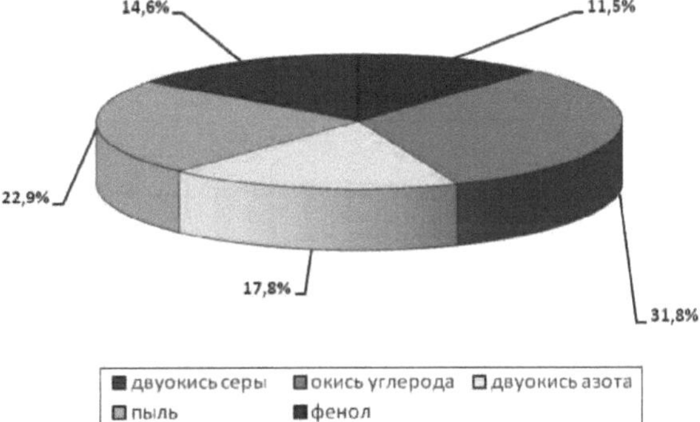

Figura 5. - Estrutura das emissões para o ar atmosférico de fontes fixas, 2014

O complexo industrial da região, que representa cerca de 18,3% do produto regional bruto, é representado principalmente pela indústria mineira, construção de máquinas, metalurgia não ferrosa, indústrias químicas e alimentares e indústria da construção.

As principais empresas industriais da região são:

- JSC MMC Kazakhaltyn e Altyntau Kokshetau LLP - produção de ouro;

- JSC Tynys - produção de conjuntos e unidades de aeronaves, equipamento de combate a incêndios, válvulas de corte de gás, equipamento médico e de medição de peso, tubos de polietileno;

- Fábrica de rolamentos de Stepnogorsk JSC - produção de rolamentos para material circulante ferroviário. Para além do consumo interno, uma parte significativa da produção é fornecida à Rússia;

- Baiterek-A JSC - revisão de locomotivas eléctricas;

- Stepnogorsk Mining and Chemical Combine LLP - produção de urânio, concentrado de molibdénio;

- Kokshetau Mineral Waters JSC - produção de produtos de licor e vodka, refrigerantes e água mineral;

- JSC KAMAZ-Engineering - organização da produção de equipamento automóvel;

- Orken-Atansor LLP - extração de minério de ferro;

- KazShpal JSC - produção de estruturas de betão armado.

Existe uma rede desenvolvida de empresas de transformação de matérias-primas agrícolas (fábricas de transformação de carne, fábricas de manteiga, moinhos, empresas de receção de pão, empresas de produção de bebidas), indústria ligeira (produção de vestuário e têxteis).

As maiores fontes fixas de poluição atmosférica na região de Akmola são a central térmica de Stepnogorskaya da empresa "Jet-7" LLP e a central de produção de calor "District Boiler House No.2" da cidade de Kokshetau.

A principal contribuição para a poluição atmosférica por emissões brutas pertence à central termoeléctrica de Stepnogorsk, que representa, em média, 32,8% do total das emissões industriais. A central de cogeração emite 243,5 toneladas de dióxido de enxofre, 121,4 toneladas de óxido de carbono, 324,8 toneladas de dióxido de azoto e outros produtos químicos por ano.

O Quadro 11 mostra que os distritos do Oblast têm a sua própria especificidade de poluição atmosférica associada à natureza das indústrias neles localizadas. Assim, nos distritos de Zheleznodorozhny e Severny observam-se os indicadores mais elevados de poluição atmosférica por empresas industriais (P = 6,8 e 5,5), enquanto no distrito de Zavodsky é muito mais baixo.

Para maior clareza, apresentemos os dados tabulares sob a forma de diagramas (Figura 6).

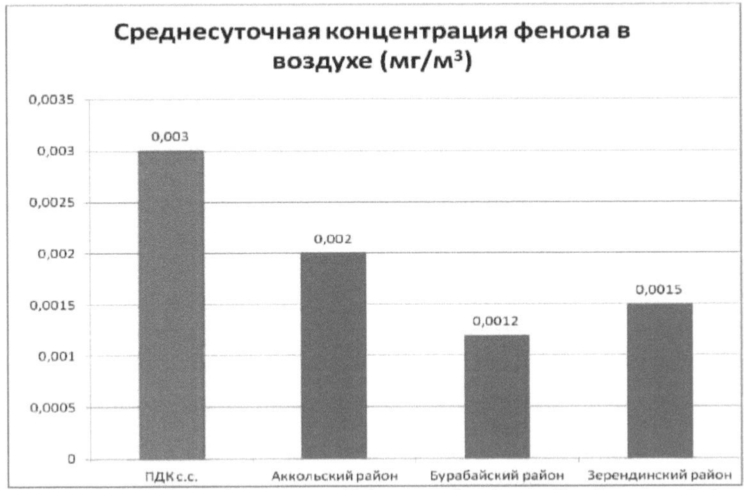

Figura 6. - Poluição do ar atmosférico por fenol nos distritos estudados da região de Akmola

Como se pode ver no diagrama, nos distritos estudados da região de Akmola a concentração média diária de fenol no ar atmosférico não excede o nível máximo permitido, mas no distrito de Akkol a sua concentração é a mais elevada, o que aparentemente se deve à presença da indústria química nesta região, no território do distrito existem 10 empresas cujas emissões excedem as 50 toneladas/ano. A importância higiénica do fenol é muito elevada. O fenol em si é um composto muito tóxico, tem um efeito mutagénico pronunciado e, em determinadas condições climáticas e meteorológicas, pode formar compostos mais perigosos [19]. O fenol é facilmente absorvido através da pele e do trato gastrointestinal e os vapores de fenol são facilmente absorvidos pelos pulmões. Os efeitos tóxicos do fenol estão diretamente relacionados com a concentração de fenol livre no sangue. O fenol é um veneno protoplasmático comum e é tóxico para todas as células. O fenol pertence ao grupo de substâncias da classe de perigo 2 em termos de impacto na saúde pública [22].

De seguida, considere-se o teor no ar do composto igualmente nocivo, o formaldeído (Figura 7).

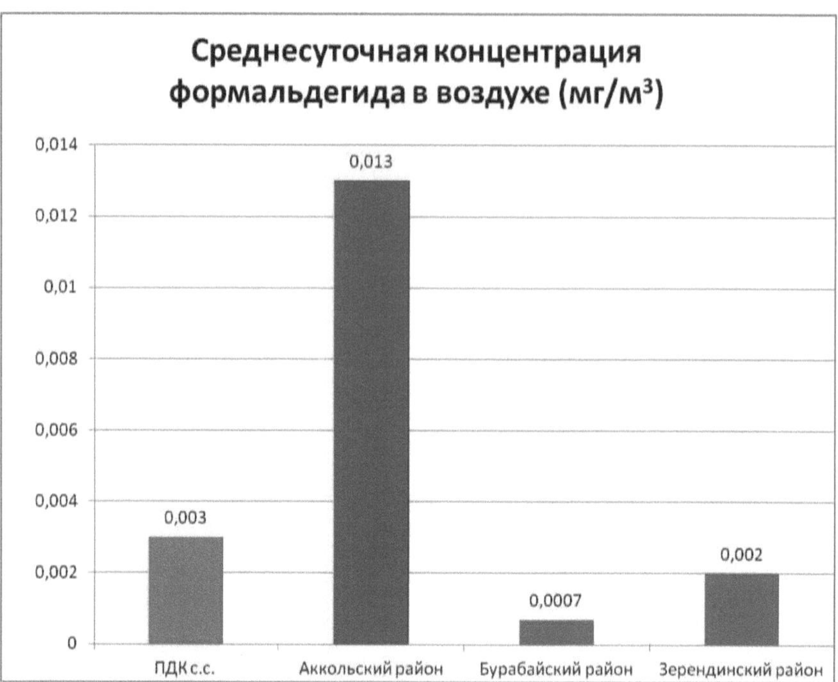

Figura 7. - Poluição do ar atmosférico por formaldeído nos distritos estudados da região de Akmola

O diagrama mostra que, no distrito de Akkol, a concentração média diária de formaldeído é mais de quatro vezes superior ao nível máximo permitido. Nos distritos de Burabay e Zerendinsky, este indicador está dentro da norma. O formaldeído está classificado como uma substância tóxica e perigosa da 2ª classe de perigo. Em concentrações elevadas, o formaldeído tem uma variedade de efeitos tóxicos: irrita as membranas mucosas do trato respiratório superior, a garganta, os olhos, provoca náuseas e dores de cabeça [15]. Para além do seu efeito tóxico geral, este composto é um carcinogéneo [19, 22].

A figura 8 é um diagrama que mostra a concentração média diária de gás de dióxido de enxofre.

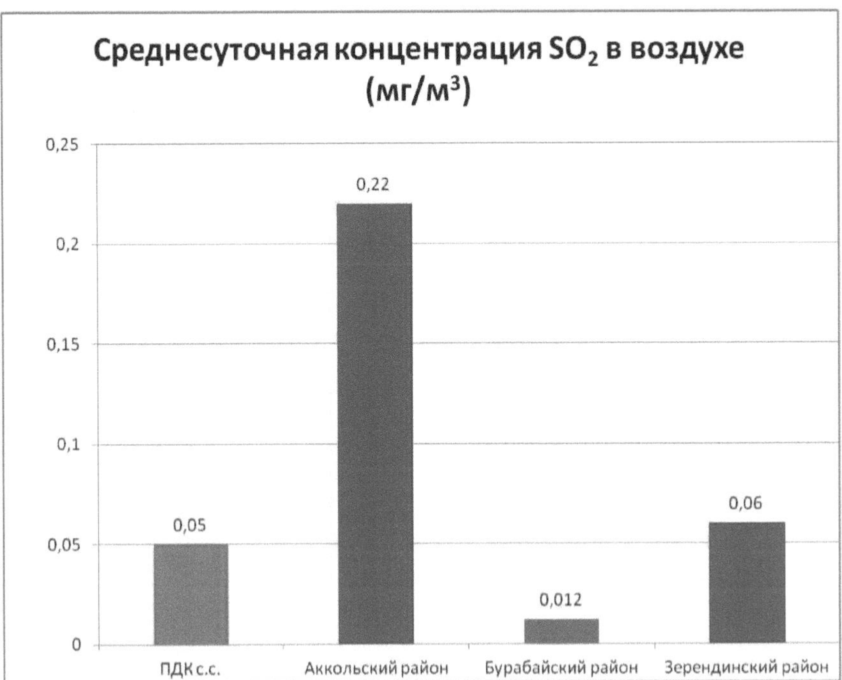

Figura 8. - Poluição atmosférica por dióxido de enxofre nos distritos estudados da região de Akmola

Como se depreende do diagrama, no distrito de Akkol o teor de dióxido de enxofre no ar excede a concentração máxima permitida em 4,4 vezes, também foi registado um excesso insignificante de MPC no distrito de Zerendinsky, no distrito de Burabay a concentração de SO2 está dentro da norma. O gás dióxido de enxofre está classificado como uma substância de classe de perigo 3. O efeito venenoso do dióxido de enxofre manifesta-se através do efeito irritante nas membranas mucosas do trato respiratório superior e nos olhos. Em caso de envenenamento crónico, desenvolvem-se catarros do trato respiratório superior, conjuntivite, bronquite grave e outros danos nos órgãos internos [18].

A figura 9 apresenta um diagrama que mostra a concentração média diária de monóxido de carbono em .

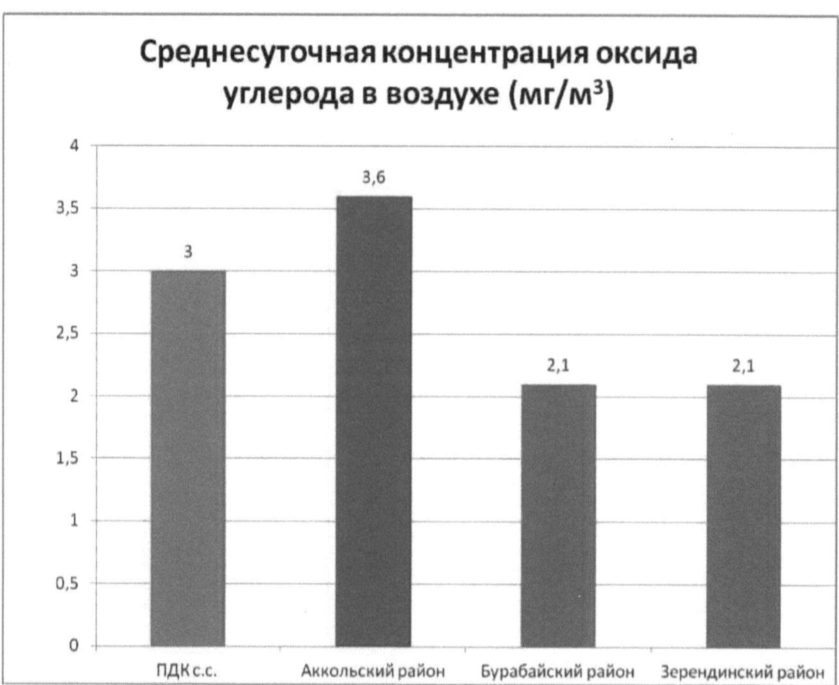

Figura 9. - Poluição do ar atmosférico por monóxido de carbono nos distritos estudados da região de Akmola

O diagrama mostra que no distrito de Akkol há um ligeiro excesso (0,8 vezes) de concentração de monóxido de carbono, nos distritos de Burabay e Zerendinsky este indicador está dentro do nível permitido.

O monóxido de carbono pertence ao grupo de substâncias da classe de perigo 4. O impacto de concentrações elevadas de monóxido de carbono no corpo humano manifesta-se da seguinte forma: o gás impede a absorção de oxigénio pelo sangue, o que prejudica a capacidade de raciocínio, retarda os reflexos, provoca sonolência e pode ser a causa da perda de consciência e da morte [18,20].

A figura 10 apresenta um diagrama que mostra a média diária de
a concentração de dióxido de azoto no ar.

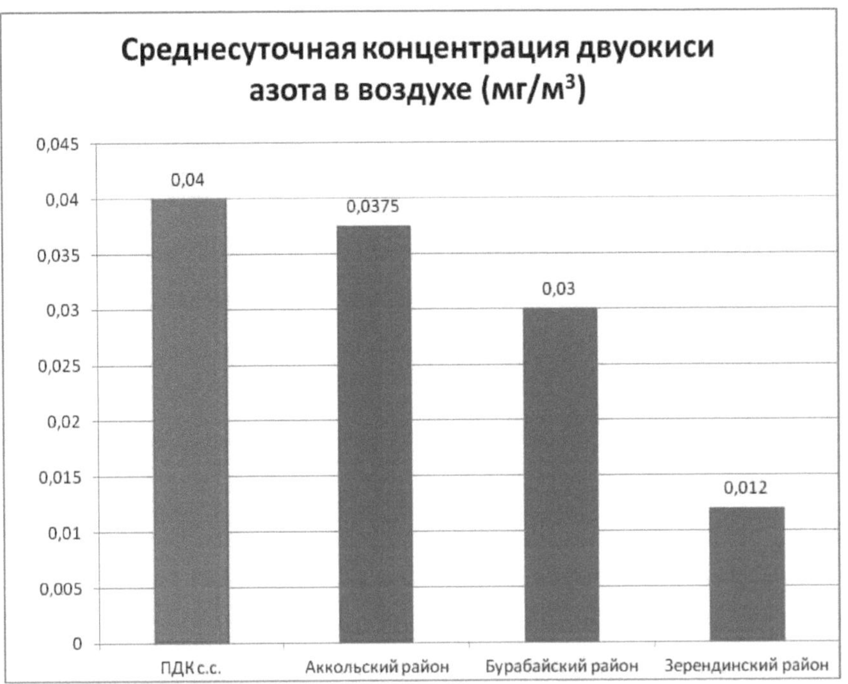

Figura 10. - Poluição do ar atmosférico por NO2 nos distritos estudados da região de Akmola

De acordo com os dados apresentados nos distritos estudados da região de Akmola, a concentração média diária de dióxido de azoto no ar atmosférico não excede o nível máximo permitido, mas no distrito de Akkol a sua concentração é a mais elevada.

O dióxido de azoto pertence ao grupo de substâncias da classe de perigo 3. O efeito funcional causado pelo dióxido de azoto é o aumento da resistência das vias respiratórias. Por outras palavras, o NO2 provoca um aumento do esforço respiratório. Os efeitos patológicos são que o NO2 torna a pessoa mais suscetível a agentes patogénicos que causam doenças respiratórias. As pessoas expostas a concentrações elevadas de dióxido de azoto têm maior probabilidade de sofrer de catarro do trato respiratório superior, bronquite, crupe e pneumonia. Além disso, o próprio dióxido de azoto pode causar doenças respiratórias [16, 22].

Assim, podemos concluir que o distrito de Akkol é o mais desfavorável entre os três distritos estudados da região de Akmola, onde se registam concentrações médias diárias de formaldeído, dióxido de enxofre e monóxido de carbono superiores às permitidas. No distrito de Burabay, a situação é a mais favorável, não se registando qualquer ultrapassagem do nível máximo admissível para nenhuma das substâncias consideradas. No distrito de Zerendinsky, regista-se uma pequena ultrapassagem do MPC s.s. para o dióxido de enxofre; em geral, a situação ambiental é favorável.

Para além das fontes industriais de poluição, os transportes motorizados têm um impacto negativo na qualidade do ar, cujas emissões representam 38,1% do total de poluentes no Oblast.

É de notar que, ao contrário das fontes industriais, o transporte automóvel polui a camada superficial, o que pode constituir um grande perigo para o ambiente e a saúde humana.

Consequentemente, a poluição da bacia aérea da região a partir de fontes fixas e móveis cria uma situação ambiental desfavorável, que pode ter um impacto negativo nas funções de proteção do organismo e contribuir para o desenvolvimento de várias doenças.

3.2   Avaliação ecológica e higiénica da qualidade das águas superficiais em alguns distritos da região de Akmola com diferentes cargas antropogénicas

O problema do fornecimento de água potável de boa qualidade ecológica à população do oblast de Akmola é um dos mais importantes do ponto de vista social, uma vez que afecta diretamente a saúde humana.

Consideremos o estado dos recursos hídricos nas zonas de estudo.

No distrito de Aksu, a rede hidrológica é representada pelos rios Tolkara, Aksuat, Koluton, Stepnaya, Tasmola, Aschily-Airyk, Aksu e lagos, os maiores dos quais são Zharlykol, Itemgen, Shortankol, Balyktykol, Akkol, Zharsar. Para além dos grandes lagos, o território do distrito é representado por muitos pequenos lagos com uma pequena área de espelho de água[13].

O abastecimento de água às povoações e às empresas industriais é efectuado a partir de fontes de água subterrâneas e superficiais.

A eliminação centralizada das águas residuais é efectuada apenas na cidade de Akkol. As águas residuais são descarregadas em campos de filtração. As redes de esgotos entraram em funcionamento em 1979 e encontram-se atualmente em mau estado técnico. O volume de águas residuais produzidas excede atualmente os volumes previstos e, a este respeito, ocorrem frequentemente situações de emergência em determinadas secções do coletor de esgotos, o que resulta na descarga de águas residuais no terreno. Noutros aglomerados, as águas residuais são descarregadas no terreno de forma desorganizada.

As maiores bacias hidrográficas do distrito de Zerendinskiy são o lago Zerendinskoye (10,7 km^2 de área) e o rio Chaglinka, bem como muitos lagos de água doce e salgada, pequenos rios, nascentes subterrâneas e reservatórios. As principais fontes de poluição das massas de água são os resíduos das actividades agrícolas, industriais e municipais e as águas residuais.

Existem 3 reservatórios no território do distrito de Zerendinsky: Chaglinskoe (área - 660 ha, volume - 28,0 milhões de m$^{3)}$ no rio Chaglinka (comprimento do rio - 145 km), no rio Tepic butax. Podlesnoye, no rio Kylshakty no distrito rural de Akkol. Além disso, existem 38 lagos com uma área total de 7037,4 ha. Os lagos diferem tanto em tamanho como em indicadores morfométricos da água (área, profundidade, volume de massa de água, crescimento excessivo, salinidade). Os maiores lagos do distrito são: Zerenda, Aidabol, Kumdykol. A profundidade média dos lagos varia de 1 metro (Kurkol, Sualma) a 5 metros (Zerenda). A maior parte dos lagos são massas de água doce. Os grandes lagos como Zerendinskoye, Aidabol e Korovye estão situados no território do GN1P1 "Kokshetau". O distrito de Zerendinskiy pode ser caracterizado como abastecido de água em termos do número de reservatórios, o distrito é comparativamente favorável em termos da qualidade da água consumida[28, 29].

A maior parte da água é captada de fontes abertas - Lago Zerendinskoye, rios Teres, Butak, Argaly, Chaglinka, Aidabulka. Uma parte mais pequena da água é retirada de fontes subterrâneas. Apenas uma empresa, a JSC "Destilaria Aidabul", funciona com abastecimento de água reciclada. Os rios acima mencionados do distrito estão gravemente esgotados e assoreados, o que está relacionado com a construção de barragens e travessias não projectadas.

O abastecimento de água à população e às entidades económicas do distrito é efectuado através de um sistema de 152,5 km de redes de distribuição de água (que necessitam de grandes reparações), 57 poços, 68 poços de minas para uso público, reservatórios artificiais e naturais e poços sectoriais individuais. No total, existem 24 utilizadores de água no distrito. A captação total de água em 2014 foi de 1,25 milhões de metros^3, dos quais 0,532 milhões de metros^3 de águas superficiais.

O comprimento das redes de esgotos no distrito é de 51,5 km. Os resíduos e as águas residuais acumulam-se nas fossas e constituem uma fonte de poluição das águas subterrâneas e superficiais. Não existe um sistema de drenagem de águas pluviais no centro do distrito, pelo que as águas superficiais poluídas dos territórios são arrastadas para o lago Zerendinskoye, piorando a qualidade da água. As águas residuais do centro do distrito e da área recreativa são transportadas por automóvel para o aterro sanitário do distrito central.

As condições sanitárias insatisfatórias dos aglomerados populacionais situados na zona de proteção das águas do rio Chaglinka, na sua bacia hidrográfica. Em resultado da limpeza intempestiva das povoações de lixo e estrume, os poluentes são arrastados e, subsequentemente, entram no reservatório de Chaglinka, que é a fonte de abastecimento de água da cidade de Kokshetau.

A rede hidrográfica do distrito de Burabay é representada por lagos. O maior deles é o "Bolshoye Chebachee". A área total de captação é de 150 km2. A área do espelho de água é de 22 km^2. Volume médio de água - 240 milhões de metros^3. Mineralização - 4,0 - 6,0 g/l. Dureza 3-5 mg/eq (moderadamente dura). A composição química da água é hidrocarbonatada com predominância de sódio e teor significativo de iões magnésio. Índice de poluição - moderadamente poluído, classe - 3.

Lago Shchuchye. Área total de captação - 64,4 km2, área média do espelho de água - 18 km2. Volume médio de água - 225 mln m^3, dureza 2,0 - 2,5 mg/eq (mole). Composição química da água - hidrocarboneto-cálcio. Índice de poluição - moderadamente poluído, classe - 3. A água do lago é utilizada para o abastecimento doméstico de água potável de Shchuchinsk.

Lago Borovoye. Área total da bacia hidrográfica - 164 km2, área média do espelho de água - 10 km2, volume médio de água - 29 milhões de m^3, mineralização - 1,01,5 g/l, dureza 1,0-1,5 mg/eq (muito mole). Composição química da água - hidrocarboneto-cálcio. Índice de poluição - moderadamente poluído, classe - 3.

Lago "Maloe Chebachee". Área total da bacia hidrográfica - 139 km2, área média do espelho de água - 21 km2, volume médio de água - 131 milhões de m^3. Mineralização - 2,3-2,7 g/l, dureza 15-25 mg/eq (muito dura). Composição química da água - cloreto de sódio com um teor significativo de magnésio. Índice de poluição - sujo, classe - 5.

Lago Kotyrkol. Área total de captação - 29,9 km^2, área média do espelho de água - 4,5 km^2. A composição da água é hidrocarbonato de sódio, dureza - 3,8 mg/eq (moderadamente dura), índice de poluição - muito suja, classe - 5.

Outros lagos do distrito têm uma pequena área de espelho de água e uma composição química diferente. Todos os lagos acima referidos têm um balanço hídrico negativo, a entrada de água é igual à evaporação no verão. No lago Bolshoye Chebachee, por exemplo, formaram-se nos últimos anos várias ilhas e penínsulas. Como resultado da formação de cardumes, a temperatura e a salinidade da água aumentaram, o que levou ao desenvolvimento intensivo de algas, que mais tarde, quando morreram, levaram a um assoreamento intensivo dos lagos e à deterioração da qualidade da água. Outro fator que aumenta anualmente a espessura dos depósitos de sedimentos é a lavagem de húmus das terras aráveis localizadas na zona de captação dos lagos[23, 24].

Praticamente não existem rios no rayon; os rios existentes secam no verão. Há 87 utilizadores de água no território do rayon. As instalações de tratamento da cidade de Shchuchinsk encontram-se no balanço da empresa municipal de abastecimento de água, data de entrada em funcionamento - 1938, capacidade das instalações de tratamento - 10,5 mil m^3/dia.

A captação de água é efectuada a partir do lago Shchuchye. As instalações de captação de água estão localizadas na margem do lago. Dada a descida do nível do lago, é necessário deslocar a estação de bombagem para mais perto da água. A cloração da água é feita de forma rudimentar e, frequentemente, a desinfeção não é efectuada devido à falta de fundos para a compra de desinfectantes. As redes de distribuição de água necessitam de grandes reparações.

O abastecimento de água nas explorações agrícolas do distrito é extremamente insatisfatório. As redes de distribuição de água não são lavadas e desinfectadas a tempo. Os habitantes das aldeias de Yurievka, Mezgilsor, Karabaur, Aigabak e Savinka são obrigados a utilizar a água de massas de água abertas e a cavar poços. E como o lençol freático no rayon de Burabay é suficientemente elevado, as pessoas, cavando poços de 2 a 3 metros de profundidade, bebem simplesmente água subterrânea, ou seja, água do solo superficial. As condutas de água nas zonas rurais encontram-se em mau estado sanitário e técnico [22].

Apenas Shchuchinsk é uma povoação com rede de esgotos. Devido à falta de rede de esgotos na povoação de Borovoye e nas estâncias de saúde localizadas em Borovoye, as águas residuais são descarregadas em fossas, sendo posteriormente transportadas e acumuladas na lixeira da povoação.

A aldeia de Dorofeevka, situada na margem do lago Maloye Chebachee, é o principal poluidor deste lago. Os habitantes da aldeia armazenam estrume e escórias perto das suas casas e não os removem regularmente. Durante as cheias repentinas, todos os esgotos da aldeia são arrastados e correm livremente para o lago[25].

Vários sanatórios situados na margem do lago Shchuchye e com caldeiras de combustível líquido permitem derrames de produtos petrolíferos em grandes volumes.

3.3   Avaliação ecológica e higiénica da qualidade do solo em alguns distritos da região de Akmola com diferentes cargas antropogénicas

O solo, sendo um ambiente natural, está em estreita interação com o ar atmosférico, as águas superficiais e subterrâneas, e troca ativamente substâncias e energia.

Os principais critérios de qualidade são os valores das concentrações máximas admissíveis (MPC) de poluentes no solo. Os resultados das análises das amostras de solo são apresentados no Quadro 12.

Quadro 12 - Principais indicadores de poluição do solo por distritos da região de Akmola em 2014

Nome impurezas	MPC (mg/kg)	Akkolsky (mg/kg)	Burabay (mg/kg)	Zerendinsky (mg/kg)
Cobre	3,0	4,6	2,8	3,9
Cromado	6,0	5,1	4,0	4,2
Zinco	23,0	21,6	15,3	17,1
Chumbo	32,0	27,0	П,2	19,6
Cádmio	0,5	0,3	0,1	0,1

Para maior clareza, apresentemos os dados tabulares sob a forma de diagramas (Figura 11).

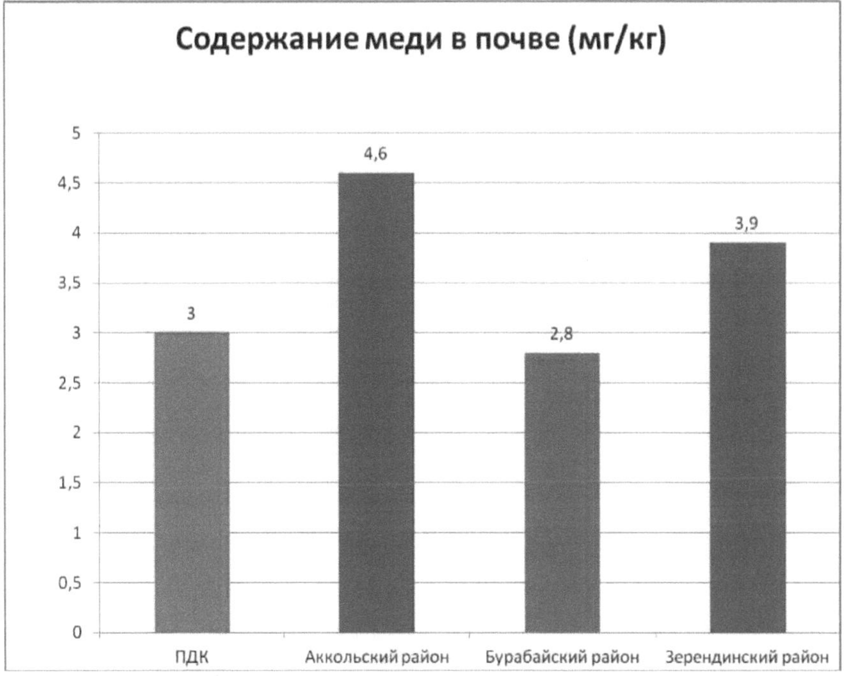

Figura 11. - Contaminação do solo com cobre nos distritos estudados da região de Akmola

Como se pode ver no diagrama, no distrito de Akkol há um excesso de cobre nas amostras de solo de 1,5 vezes, e um pequeno excesso no distrito de Zerendinsky. No distrito de Burabay, o teor de cobre está dentro da norma [22]. O efeito dos metais pesados nos organismos vivos é frequentemente oculto, mas são transmitidos ao longo das cadeias tróficas com um efeito cumulativo pronunciado, pelo que as manifestações de toxicidade podem ocorrer inesperadamente a níveis individuais das cadeias tróficas. O excesso de cobre tem efeitos nocivos no organismo dos organismos de sangue quente. O cobre pertence ao grupo dos metais altamente tóxicos capazes de provocar intoxicações agudas no homem e nos animais e de ter uma vasta gama de efeitos tóxicos com uma variedade de manifestações clínicas. O cobre pertence à segunda classe de perigo [23].

Em seguida, considere o teor de crómio do solo (Figura 12).

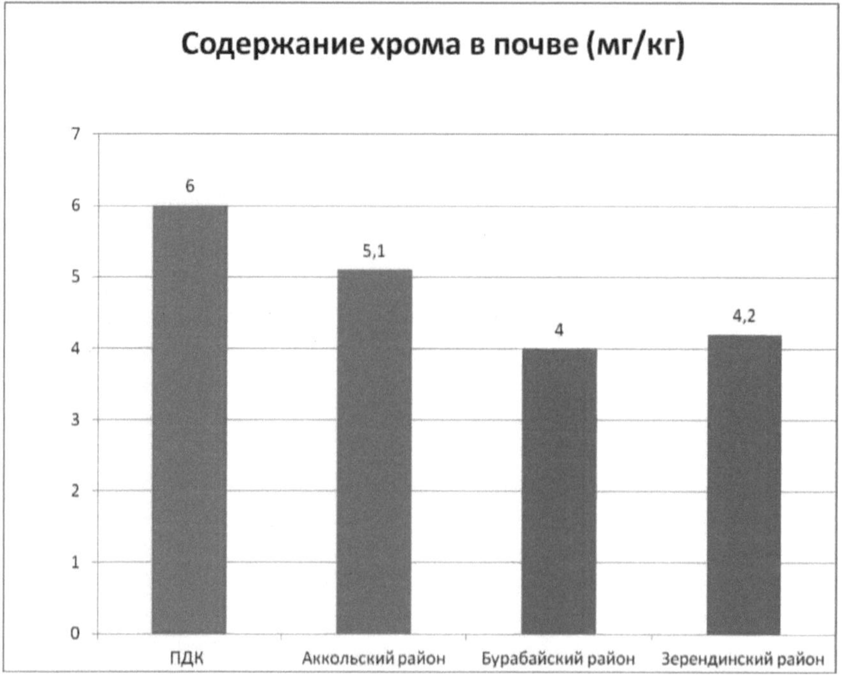

Figura 12. - Contaminação do solo com crómio nos distritos estudados do oblast de Akmola

Como se pode ver no diagrama, nos distritos estudados da região de Akmola a concentração de crómio no solo não excede o nível máximo permitido, mas no distrito de Akkol a sua concentração é a mais elevada. A toxicidade do composto de crómio depende diretamente da sua valência: os compostos de crómio (VI) são os mais tóxicos, os compostos de crómio (Sh) são altamente tóxicos, o crómio metálico e os seus compostos (II) são menos tóxicos.

Independentemente da via de entrada, os rins são os primeiros a ser afectados. As funções do fígado e do pâncreas também são afectadas. O crómio tem um efeito carcinogénico, afecta o SNC e tem um efeito prejudicial na função reprodutiva. Está classificado como uma substância da classe de perigo 1 [19].

A figura 13 é um diagrama que mostra o teor de zinco do solo.

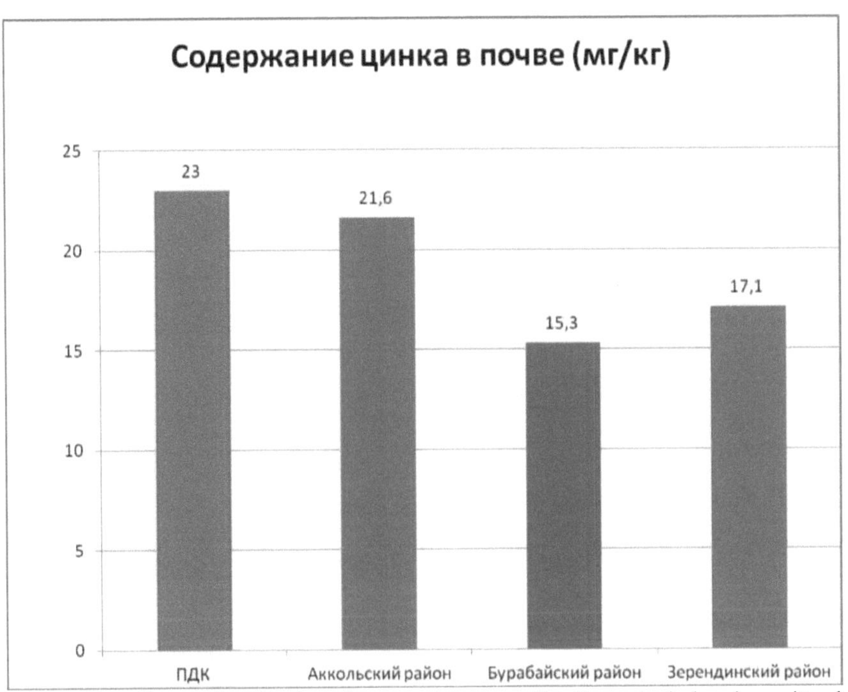

Figura 13. - Contaminação do solo com zinco nos distritos estudados da região de Akmola

Como se depreende do diagrama, no distrito de Akkol o teor de zinco no solo é mais elevado do que noutros distritos, mas, no entanto, não excede a concentração máxima permitida. O zinco é um oligoelemento necessário para o funcionamento normal do organismo humano em pequenas doses. É um membro de 40 metaloenzimas que desempenham um papel importante no metabolismo dos ácidos nucleicos e na síntese de proteínas. O zinco metálico tem pouca toxicidade. O fosforeto de zinco e o óxido de zinco são venenosos. A ingestão de sais de zinco solúveis provoca perturbações digestivas e irritação das mucosas. O zinco pertence às substâncias da 2ª classe de perigo. [18].

De seguida, a Figura 14 apresenta um diagrama que mostra o teor de chumbo no solo.

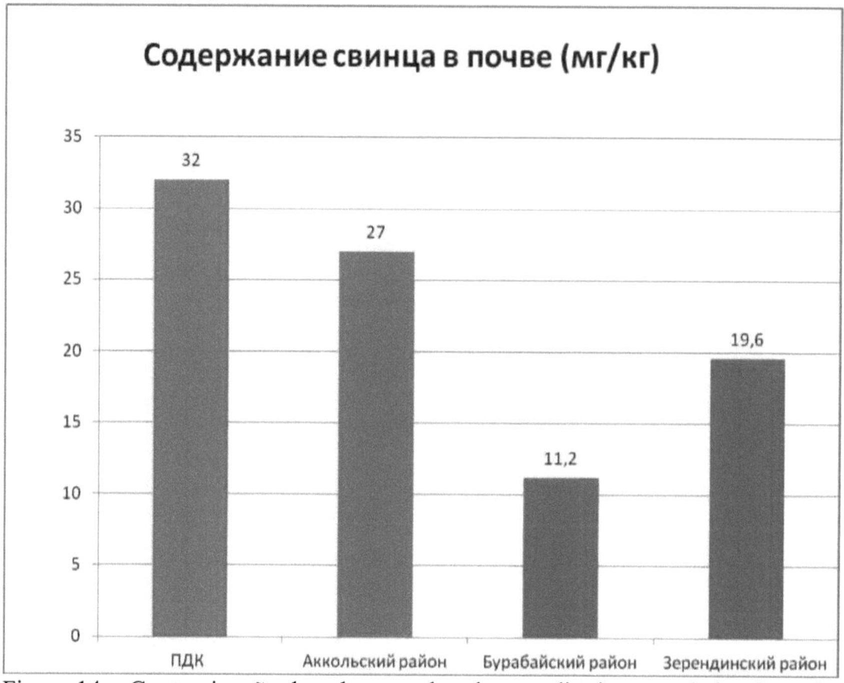

Figura 14. - Contaminação do solo com chumbo nos distritos estudados da região de Akmola

O diagrama mostra que em todos os distritos investigados da região de Akmola o teor de chumbo no solo está dentro do nível admissível.

O chumbo, pelo seu efeito no corpo humano, pertence às substâncias da classe de perigo 1. O chumbo afecta o sistema nervoso humano, o que leva a uma diminuição da inteligência, provoca alterações na atividade física, na coordenação auditiva, afecta o sistema cardiovascular, levando a doenças cardíacas. Este facto tem um impacto negativo na saúde da população e principalmente das crianças, que são mais susceptíveis ao envenenamento por chumbo. [18, 20]. A figura 15 apresenta um diagrama que reflecte o teor do não menos perigoso elemento cádmio no solo.

Figura 15. - Contaminação do solo com cádmio nos distritos estudados da região de Akmola

De acordo com os dados apresentados nos distritos estudados da região de Akmola, o teor de cádmio nas amostras de solo não excede o nível máximo permitido, mas no distrito de Akkol a sua concentração é a mais elevada.

O vapor de cádmio e todos os seus compostos são tóxicos devido à sua capacidade de se ligar a enzimas e aminoácidos que contêm enxofre. O cádmio pode aumentar a tensão arterial. Tem efeitos carcinogénicos. O cádmio acumula-se nos rins, durante a vida humana o seu conteúdo pode aumentar 100-1000 vezes. A classe de perigo da substância é 1. [16, 22].

A análise química do solo das zonas de estudo revelou que o teor de substâncias como o cádmio, o zinco, o chumbo e o crómio não excede o CMP. No entanto, 1,5 vezes o cobre excede o CMA no solo do distrito de Akkol e 0,8 vezes no solo do distrito de Zerendinsky.

Assim, os estudos realizados sobre a água e o solo mostraram que não há diferença significativa no teor de produtos químicos entre os distritos . No entanto, os distritos da região têm a sua própria especificidade de poluição atmosférica, dependendo da natureza das indústrias neles localizadas.

3.4   Caraterísticas do estado médico e demográfico da população da região de Akmola

3.4.1 Desenvolvimento físico de crianças e adolescentes que vivem em zonas da região com diferentes cargas antropogénicas

O desenvolvimento físico das crianças e dos adolescentes é um dos indicadores mais importantes e mais sensíveis da saúde da geração mais jovem, que depende em grande medida do bem-estar ecológico do ambiente.

Analisando os indicadores de comprimento corporal por idade, verificámos que, em média, 51,3% das crianças se encontram dentro dos valores normais. O número de crianças com atraso de crescimento (com comprimento corporal reduzido e baixo) é de 17,5% e 4,7%, sendo que 3,3% das crianças têm um atraso de crescimento grave. O número de crianças altas é de 23,2%.

A análise do peso corporal por idade mostrou que as crianças com indicadores de peso corporal normal (25-75 centis) predominam entre as crianças inquiridas nas escolas, com um número médio de 58,6%. O peso corporal reduzido e baixo é observado numa média de 20% e 8,7% das crianças, respetivamente, e 4,3% das crianças têm um défice de peso corporal pronunciado (menos de 3 centis). Ao mesmo tempo, 8,4 por cento das crianças têm excesso de peso (mais de 97 centis).

A avaliação da harmoniosidade do desenvolvimento físico das crianças mostrou que o desenvolvimento físico normal é observado na maioria das crianças, com uma média de 57,5 por cento. Os desvios no desenvolvimento físico são representados principalmente pelo grupo de crianças com comprimento corporal reduzido em valores normais, reduzidos e de baixo peso corporal, que representa 23,7 por cento das crianças, e com peso corporal reduzido em valores normais de comprimento - 11,2 por cento. A percentagem de crianças com peso corporal elevado e aumentado em valores normais de comprimento corporal é de 5,5%. O baixo peso corporal com um comprimento corporal normal é registado em 2,1% das crianças. No entanto, quando se comparam os indicadores de desenvolvimento físico de crianças em idade escolar de diferentes distritos, não foram reveladas diferenças fiáveis, ou seja, o desenvolvimento físico era praticamente o mesmo em diferentes distritos do Oblast.

Os resultados do estudo sobre o desenvolvimento físico dos adolescentes revelaram que 53,4 por cento dos adolescentes têm um comprimento corporal normal em relação à idade. Em média, 18,9 por cento dos adolescentes têm um crescimento reduzido e baixo, 2,6 por cento têm um atraso de crescimento mais pronunciado e 25,1 por cento dos adolescentes têm um crescimento que excede as normas da idade.

61,5 por cento dos adolescentes têm um peso corporal normal, 16,7 por cento têm um peso corporal reduzido e 14,5 por cento dos adolescentes têm um défice de peso corporal, enquanto 2,9 por cento têm um défice significativo. O excesso de peso corporal é observado em 4,4 por cento dos adolescentes.

A distribuição dos adolescentes por grupos de desenvolvimento físico mostrou que 57,9 por cento dos alunos pertenciam ao grupo com desenvolvimento físico normal, enquanto 42,1 por cento dos adolescentes apresentavam certas anomalias de desenvolvimento. Assim, 19,7 por cento dos adolescentes têm um comprimento corporal reduzido com valores normais, aumentados e elevados de peso corporal. O número de crianças com peso corporal reduzido com valores normais de comprimento corporal é de 11,6 por cento, e com peso corporal aumentado e elevado com valores normais de comprimento corporal é de 6,3 por cento.

3.4.2 Caraterísticas da morbilidade da população que vive em zonas da região com diferentes cargas tecnogénicas.

Uma análise da estrutura da morbilidade na população infantil em 2014 mostrou que o primeiro lugar é ocupado por doenças dos órgãos respiratórios, que representam 70 por cento da morbilidade total da população infantil. O segundo lugar é ocupado por acidentes, lesões e envenenamentos - 4 por cento, o terceiro e quarto lugares são ocupados por doenças dos órgãos digestivos - 3,8 por cento e do sistema músculo-esquelético - 2,6 por cento, o quinto lugar é ocupado por doenças do sistema nervoso e dos órgãos dos sentidos - 2,4 por cento.

No entanto, no distrito de Zerendinsky, as doenças do aparelho digestivo ocupavam o segundo lugar e representavam 6% da morbilidade total, enquanto as doenças do sistema endócrino ocupavam o terceiro lugar (4,7%). Neste distrito, as anomalias congénitas eram 2-3 vezes mais elevadas e as doenças do aparelho circulatório 4,3 vezes mais elevadas (p<0,01). É também de salientar que as doenças do sistema respiratório são as mais comuns no distrito de Akkol e representam 75% da morbilidade total, sendo o segundo e terceiro lugares ocupados por doenças do sistema nervoso-2,85% e dos órgãos hematopoiéticos-2,71%. A incidência de neoplasias é 1,2 vezes (p<0,05) mais elevada no distrito de Zerendinsky e é de 10,3 por 1000 habitantes.

Na estrutura da morbilidade dos adolescentes, tal como nas crianças, as doenças respiratórias predominam e representam 62 por cento da morbilidade total dos adolescentes, enquanto as doenças do sistema endócrino, do sistema nervoso e do sistema geniturinário são mais frequentemente registadas entre os adolescentes. As doenças do sistema nervoso (8,87 por cento) e as lesões, envenenamentos e acidentes (8,82 por cento) ocupam o segundo e terceiro lugares entre as doenças dos adolescentes, seguidas das doenças do sistema músculo-esquelético (7,2 por cento), dos órgãos digestivos (6,4 por cento), do sistema geniturinário (4,16 por cento) e do sistema endócrino (1,83 por cento).

O estudo da morbilidade por distritos da região mostrou que o nível de morbilidade geral entre os adolescentes no distrito de Akkol, em comparação com outros, é mais elevado e ascende a 1224,15 por 1000, sendo as doenças mais comuns as dos órgãos respiratórios, do sistema endócrino e do sistema nervoso. A incidência de doenças do aparelho digestivo entre os adolescentes nos diferentes distritos da região é aproximadamente a mesma.

Um estudo da estrutura da morbilidade dos adultos revelou que as doenças respiratórias (27,6%) e as doenças do aparelho circulatório (15,53%) ocupam os lugares cimeiros, seguidas das doenças do sistema nervoso (8,42%), das doenças do sistema músculo-esquelético (7,48%) e das doenças do aparelho digestivo (5,87%).

Assim, as doenças dos órgãos respiratórios, as neoplasias, as doenças do sangue e dos órgãos hematopoiéticos, a digestão e outros órgãos são mais comuns nos distritos de Akkol e Zerenda, onde o grau de poluição do ar atmosférico é mais elevado.

Assim, a análise da morbilidade da população de diferentes grupos etários mostrou algumas diferenças nas nosoformas nos diferentes distritos da região, as quais, aparentemente, são causadas não só por diferenças em termos socioeconómicos, mas em certa medida dependem das condições ambientais da sua residência.

Ao avaliar as correlações entre a morbilidade e os factores ambientais, obtiveram-se correlações positivas entre poluentes atmosféricos específicos e o nível de algumas doenças, por exemplo, entre o dióxido de enxofre e a morbilidade de crianças com neoplasias ($r=0,63$), doenças do sistema endócrino ($r=0,7$), do sistema circulatório ($r=0,68$), com doenças do sangue e dos órgãos hematopoiéticos em adolescentes ($r=0,41$).Além disso, existe uma correlação positiva do monóxido de carbono com doenças do sistema circulatório ($r=0,4$) e anomalias ($r=0,44$) em crianças e doenças do sistema endócrino ($r=0,47$) em adolescentes. A incidência de doenças do sistema nervoso e dos órgãos sensoriais em crianças e adultos tem uma correlação acentuada com o dióxido de azoto ($r=0,47$ e $r=0,42$). À medida que a intensidade da poluição atmosférica por fenol aumenta, a incidência de doenças do sistema nervoso e dos órgãos dos sentidos é registada com maior frequência ($r=0,62$ em crianças, $r=0,5$ em adolescentes, $r=0,4$ em adultos), anomalias em crianças ($r=0,46$), em adultos - neoplasias e doenças do sistema circulatório ($r=0,4$). Em zonas com concentrações totais elevadas de formaldeído no ar, verifica-se um aumento da incidência de neoplasias em adolescentes ($r=0,42$), em crianças e adultos doenças do sangue e dos órgãos hematopoiéticos ($r=0,6$ e $r=0,5$), em adolescentes e adultos doenças dos órgãos digestivos ($r=0,4$ e $r=0,5$). Verificou-se que as doenças dos órgãos respiratórios e a poluição geral do ar atmosférico têm uma relação positiva fraca, que aumenta ($r=0,4$) com o aumento da concentração de formaldeído no ar.

Assim, os resultados obtidos no estudo permitiram-nos identificar os factores ambientais prioritários que afectam a saúde das crianças, adolescentes e adultos da região: o aumento da poluição atmosférica contribui para o aumento da morbilidade.

No entanto, os resultados obtidos não são inequívocos e requerem mais estudos mais abrangentes sobre os factores ambientais.

3.5   Recomendações práticas para reduzir o impacto da carga antropogénica na saúde pública

O estado de saúde da população da região de Akmola, a situação sanitária e epidemiológica e o desenvolvimento do sector da saúde na última década caracterizaram-se por indicadores positivos e negativos [91].

A solução dos problemas ambientais só é possível com base numa abordagem global, que inclui aspectos sócio-políticos, organizacionais e jurídicos, económicos, tecnológicos, educativos, de propaganda e outros [92]. Todos eles podem ser combinados no âmbito de duas direcções gerais de resolução de problemas ambientais: ecologização da sociedade e otimização da gestão da natureza [93].

A ecologização da sociedade significa a formação de um sistema de atitudes, pontos de vista, valores, em que a compreensão dos problemas ambientais se torna uma necessidade urgente e natural de cada cidadão individualmente e da sociedade como um todo [94, 95]. Isto é possível com base numa educação e formação ambiental alargada, com base na formação de um pensamento ecológico [96].

Uma pessoa ecologicamente educada e criada tem um sentido de proibição interna de quaisquer acções que possam prejudicar a natureza e, consequentemente, a sociedade [97]. Só uma pessoa assim pode resolver todas as tarefas, incluindo as tecnológicas, relacionadas com a eliminação de situações de crise ecológica, a restauração da estabilidade ecológica e a normalização das relações homem-natureza [98].

A ecologização da sociedade consiste em decisões organizacionais e jurídicas ambientalmente corretas tomadas pelas autoridades representativas, executivas e judiciais [99]. É a informação completa da população, através dos meios de comunicação social, sobre a situação ambiental e o grau do seu impacto na saúde humana [100].

A ecologização de toda a sociedade, quando todos os cidadãos são educados ecologicamente, educados ecologicamente e têm um pensamento ecológico, permitirá resolver plenamente os problemas da utilização racional dos recursos naturais [101].

A otimização da gestão da natureza é uma solução científica e técnica para os problemas ambientais, proporcionando uma saída para as situações de crise ecológica e a normalização da interação entre a sociedade e a natureza [102]. A otimização da gestão ambiental inclui uma série de medidas para a utilização racional dos recursos naturais:

- desenvolvimento de tecnologias de poupança de recursos e outras tecnologias ambientais;

- fundamentação científica dos projectos económicos, incluindo a sua especialização ambiental, a previsão e o acompanhamento ambiental;

- regulação intencional da estrutura dos complexos naturais e proteção (conservação) de alguns deles.

O principal objetivo da resolução dos problemas ambientais é criar condições para estabilizar e melhorar a qualidade do ambiente, favorável à população. Este objetivo será alcançado através da resolução das seguintes tarefas

- reduzir o nível de impacto antropogénico no ambiente natural;

- redução das emissões poluentes para a bacia aérea (transportes motorizados, produção de calor e eletricidade, empresas industriais);

- proteção e utilização racional dos recursos hídricos;

- melhorar o sistema de recolha, armazenamento, eliminação e reciclagem de resíduos industriais e domésticos;

- melhorar a cultura e a educação ambiental da população;

- sistema de gestão ambiental 180 14001:2004 [103].

As principais direcções para obter o resultado do objetivo definido são:

- a adoção de medidas para reduzir as emissões de poluentes na bacia aérea;

- prevenção de situações de emergência e de perigo para o ambiente nas instalações de saneamento;

- Exclusão dos poluentes que entram nas fontes de superfície;

- fornecer à população água potável de qualidade;

- melhorar o sistema de recolha, armazenamento, eliminação e reciclagem de resíduos industriais e domésticos;

- melhorar a cultura e a educação ambiental da população;

- aplicação do sistema de gestão ambiental 150 14001:2004 nas empresas da região [104].

Redução das emissões poluentes para a bacia aérea.

A fim de reduzir as emissões de poluentes na bacia aérea, é necessário

- continuar a trabalhar na transição dos veículos a motor para combustíveis alternativos (introdução de equipamento de cilindros de gás nas empresas de automóveis da cidade e da região);

- criar zonas de proteção de áreas verdes em auto-estradas movimentadas da cidade e da região, a fim de suprimir as poeiras e reduzir a concentração de emissões nocivas para a atmosfera provenientes de fontes móveis;

- aquisição e instalação de equipamento de purificação de poeiras e gases nas instalações [105].

Proteção e utilização racional dos recursos hídricos.

As perspectivas de proteção e utilização racional dos recursos hídricos estão relacionadas com a prevenção de situações de emergência e de perigo para o ambiente nas instalações de saneamento, a exclusão de poluentes nas fontes superficiais e o fornecimento de água potável de qualidade à população [106].

A este respeito, parte-se do princípio de que:

- revisão das instalações de tratamento, redes de esgotos;

- revisão do coletor do sistema de esgotos da cidade, a fim de evitar o escoamento;

- medidas de proteção das águas superficiais e subterrâneas, instalação de sinais de proteção das águas;

- realização de trabalhos científicos e de investigação em termos de estudo dos problemas de alagamento das povoações, bem como de perturbação dos ecossistemas das fontes de água de superfície.

Melhoria do sistema de recolha, armazenamento, eliminação e reciclagem de resíduos industriais e domésticos.

Prevê-se a aplicação das seguintes medidas:

- conceção e construção de aterros para armazenamento e eliminação de resíduos tóxicos;

- arranjo das lixeiras de RSU, limpeza, eliminação e remoção das lixeiras ilegais nos aglomerados rurais;

- desenvolvimento de programas de gestão de resíduos sólidos que tenham em conta a reconstrução dos aterros;

- Nos aglomerados rurais, é necessário organizar a remoção das águas residuais para locais especialmente equipados para a sua receção.

- a recuperação de terrenos perturbados, a recuperação e o aumento da fertilidade e de outras propriedades úteis dos terrenos e a sua participação atempada no volume de negócios económico.

Melhorar a cultura e a educação ambiental da população.

A mensagem do Presidente presta grande atenção à questão de garantir a proteção e a segurança do ambiente em conformidade com as normas internacionais [107].

Em 2006, foi adotado o Código do Ambiente, que visa a harmonização da legislação ambiental da República do Cazaquistão com actos internacionais avançados, a transição para novas normas e a melhoria do sistema de controlo estatal [108]. Para cumprir este objetivo, a nossa geração necessita de conhecimentos ambientais, com base nos quais será educada a futura geração de cazaques. Para este efeito, é necessário realizar a educação ambiental dos estudantes nas escolas secundárias em estreita ligação com a orientação profissional [109].

Atualmente, os jovens têm uma visão algo unilateral da ecologia. Consideram que a ecologia é a ciência do ambiente e das relações entre os organismos vivos, mas, por alguma razão, muitas vezes não se incluem no sistema dessas relações.

Recorde-se que a ecologia (do grego "oikos" - casa, habitação e "logos" - ensino) é uma ciência que estuda as condições de existência dos organismos vivos e a relação entre estes e o ambiente em que vivem [110]. O objeto de estudo da ecologia é a totalidade ou a estrutura das relações entre os organismos e o ambiente. O principal objeto de estudo da ecologia são os ecossistemas, ou seja, os complexos naturais unificados formados por organismos vivos e o seu ambiente [111]. Para além disso, o seu domínio de competência inclui o estudo de espécies individuais de organismos, das suas populações e da biosfera como um todo.

A principal parte tradicional da ecologia enquanto ciência é a ecologia geral, que estuda os padrões gerais de relações entre quaisquer organismos vivos e o ambiente, incluindo os seres humanos [112].

O desenvolvimento integral da personalidade, a formação de elementos estéticos, ecológicos, morais e criativos da cultura espiritual dos alunos é uma das tarefas do trabalho de orientação profissional na escola. E a tarefa dos professores é educar os futuros jovens trabalhadores e especialistas para que, quando deixarem a escola, sejam capazes de trazer beleza à vida, ao trabalho, às relações entre as pessoas. Os principais elementos da cultura espiritual não podem ser formados separadamente [113]. Estão intimamente ligados uns aos outros [114]. Falando de ecologia, da atitude humana em relação ao ambiente, é impossível não mencionar a beleza do mundo animado e inanimado, a honra e o dever das pessoas para com a natureza. O processo de formação e desenvolvimento da cultura ecológica torna-se um impulso da atividade espiritual e prática destinada a ultrapassar o estado de crise do sistema "sociedade-natureza", a melhorar este estado e, a longo prazo, a harmonizar as relações entre a sociedade e a natureza. A "cobrança" pela melhoria da gestão da natureza deve tornar-se uma caraterística comum de todos os grupos sociais e gerações, mas especialmente dos jovens [115]. A geração que entra na vida autónoma é a mais recetiva aos novos princípios e normas das relações com a natureza, caracterizando-se pelo espírito de inovação, energia e outras qualidades tão necessárias para a aplicação desses princípios e normas. Esta necessidade incentiva os novos e as novas a compreender a situação ambiental, a entender as causas das suas condições desfavoráveis, a compreender as formas de a melhorar, e assim "conduz" ao conhecimento ambiental, estimula o seu domínio [110].

A fim de formar uma cultura ambiental e de educar a população, propõe-se a realização das seguintes actividades

- realização de actividades para informar a população da região sobre a situação ecológica e a proteção do ambiente através dos meios de comunicação social e da propaganda de conhecimentos ecológicos, incluindo: produção de agitação visual, publicação de artigos nos meios de comunicação social, produção e transmissão na televisão de anúncios sobre temas ambientais, publicação de boletins informativos e ambientais , subscrição de impressão periódica de conteúdos ecológicos de instituições educativas da região;

- Eventos organizacionais e de massas para a educação ambiental de crianças e jovens, tais como concursos, reuniões e conferências;

-           criação de um centro metodológico unificado para a educação ambiental;

- Reforçar a perspetiva ecológica e mundial da educação e, sobretudo, uma cobertura mais ampla dos problemas filosóficos da interação entre o homem e a natureza;

- emparelhamento de várias disciplinas escolares com questões ambientais, formação de ligações interdisciplinares identificadas no decurso do desenvolvimento de estudos interdisciplinares de proteção da natureza e reabilitação ambiental;

- desenvolvimento e introdução de cursos de formação holística em proteção da natureza e ecologia geral, que reflictam no processo educativo uma tal tendência do conhecimento científico como a formação e o desenvolvimento de áreas holísticas integradas de investigação ambiental;

- inclusão na educação ambiental dos resultados da investigação científica no domínio do ambiente, relacionados com a especialização regional e setorial.

Peritagem, previsão e controlo do ambiente.

A solução dos problemas ambientais é impossível sem a realização de peritagens e previsões científicas no domínio do ambiente. A perícia ambiental é uma avaliação da situação ambiental na área de operação de uma empresa existente ou projectada. Com base na análise da situação atual (para as empresas projectadas - pelo método dos análogos), são desenvolvidas medidas prioritárias para reduzir o impacto negativo no ambiente [95].

Previsão - previsão do desenvolvimento da situação, desenvolvimento de juízos cientificamente fundamentados sobre o estado do ambiente natural e as suas tendências de desenvolvimento para a tomada de decisões sobre a gestão racional da natureza. Em termos de cobertura temporal, a previsão pode ser de curto, médio e longo prazo. A previsão pode ser regional (para toda a região ou uma grande parte dela) e local - na esfera do impacto no ambiente natural de uma grande empresa específica.

A previsão pode ser exploratória, respondendo à questão do que é mais provável que aconteça se as tendências existentes se mantiverem, ou normativa, mostrando como alcançar os estados desejados com base em determinadas normas e objectivos. Uma previsão deste tipo responde à questão de saber como e de que forma se pode alcançar o desejado [98].

A previsão é efectuada com base em estudos eco-geográficos especiais, utilizando métodos de analogia, avaliações de peritos, extrapolação estatística e modelização por simulação. É extremamente importante desenvolver previsões globais que abranjam tanto a natureza como a sociedade, previsões da dinâmica dos geossistemas, dos sistemas ecológicos e económicos, que devem associar as taxas máximas possíveis de crescimento económico, desenvolvimento social e nível ambientalmente aceitável de poluição (ou qualidade) do ambiente natural [110].

A monitorização é um sistema de informação, cujas principais tarefas são a observação e a avaliação do estado do ambiente natural afetado pelo impacto antropogénico, com vista à utilização racional dos recursos naturais e à proteção do ambiente. O sistema de monitorização mais desenvolvido é o controlo da poluição da água e do ar.

Em resultado da aplicação das medidas propostas para melhorar os problemas ambientais da região de Akmola, serão criadas condições para a estabilização e melhoria da qualidade ambiental e deverão ser alcançados os seguintes resultados

-        reduzir o nível de impacto antropogénico no ambiente;

- redução das emissões de poluentes atmosféricos provenientes de fontes móveis aquando da instalação de equipamentos arrefecidos a gás em veículos a motor (redução do monóxido de carbono, dos óxidos de azoto, das emissões de hidrocarbonetos, ausência de emissões de dióxido ambiental e de compostos de chumbo, redução do fumo dos gases de escape);

- medidas para criar zonas de proteção sanitária de áreas verdes em auto-estradas movimentadas da cidade e da região reduzirão a concentração de emissões nocivas para o ar atmosférico provenientes de fontes móveis;

- a adoção de medidas para melhorar a qualidade da água através da introdução de sistemas de tratamento adicionais, tendo em conta a investigação sobre as águas subterrâneas e a conceção de instalações locais de abastecimento de água;

- A reconstrução e a revisão das instalações de esgotos ajudarão a evitar situações de emergência e a excluir a entrada de poluentes nos rios e lagos;

- o sistema de armazenamento, eliminação e reciclagem de resíduos está a ser melhorado, o programa de gestão de resíduos permitirá resolver os problemas de gestão de resíduos na região; a construção de um aterro para resíduos tóxicos e a reconstrução de um aterro permitirão evitar situações ambientais desfavoráveis;

- o nível de morbilidade da população associado às condições desfavoráveis das águas superficiais, do ar atmosférico e da radiação diminuirá;

- O sistema de educação, formação e esclarecimento em matéria de ambiente está a ser melhorado.

Implementação do sistema de gestão ambiental 180 14001:2004 nas empresas da região.

As normas 180 14000 são "voluntárias". Não substituem os requisitos legais, mas fornecem um sistema para determinar o modo como uma empresa afecta o ambiente e como os requisitos legais são cumpridos [115].

Uma organização pode utilizar as normas 180 14000 para uso interno, por exemplo, como modelo EM8 ou como formato de auditoria interna para um sistema de gestão ambiental. Pretende-se que a criação de um sistema deste tipo constitua uma ferramenta eficaz para uma organização gerir a totalidade dos seus impactes ambientais e fazer com que as suas actividades cumpram uma série de requisitos.

As normas podem também ser utilizadas externamente para demonstrar aos clientes e ao público que o sistema de gestão ambiental está atualizado. Por último, uma organização pode procurar obter uma certificação formal de uma terceira parte (independente). Como se pode deduzir da experiência com as normas 180 9000, é o desejo de obter um registo formal que provavelmente impulsionará a adoção de sistemas de gestão ambiental conformes à norma. Apesar da natureza voluntária das normas, de acordo com Jim Dixon, presidente da I80/TC 207 (a comissão técnica que desenvolve a 180), dentro de 10 anos, 90 a 100% das grandes empresas, incluindo as multinacionais, estarão certificadas com a 180 14000, ou seja, receberão uma certificação de "terceiros" de que certos aspectos das suas actividades cumprem estas normas [112].

As empresas podem desejar obter a certificação 180 14000 principalmente porque essa certificação (ou registo na terminologia 180) será um dos pré-requisitos para a comercialização de produtos nos mercados internacionais (por exemplo, a CEE anunciou recentemente a sua intenção de permitir que apenas as empresas com certificação 180 comercializem nos países da Commonwealth).

Outras razões pelas quais uma empresa pode necessitar de certificação ou implementação do EM8 incluem

- melhorar a imagem da empresa no domínio da conformidade ambiental (incluindo a legislação ambiental);

- poupar energia e recursos, incluindo os afectados a medidas de proteção ambiental, através de uma gestão mais eficiente;

- aumento do valor estimado dos activos fixos da empresa; desejo de conquistar mercados para produtos "verdes";

- melhoria do sistema de gestão empresarial;

- interesse em atrair mão de obra altamente qualificada.

Por definição, o sistema de certificação deve ser estabelecido a nível nacional. A julgar pela experiência de países como o Canadá, o papel principal no processo de criação de uma infraestrutura nacional de certificação é desempenhado pelos organismos nacionais de normalização, como o Gosstandart, bem como pelas câmaras de comércio e indústria, sindicatos empresariais, etc.

Prevê-se que o processo de registo normalizado demore entre 12 e 18 meses, aproximadamente o mesmo tempo que é necessário para implementar um sistema de gestão ambiental numa empresa.

Uma vez que os requisitos da 150 14000 se sobrepõem, em muitos aspectos, aos da 150 9000, é possível uma certificação mais ligeira para as empresas que já possuem a 180 9000. No futuro, prevê-se que seja possível uma certificação "dupla" para reduzir o custo global [113].

As recomendações que se seguem podem ser apresentadas como recomendações específicas para cada distrito estudado da região de Akmola:

Distrito de Akkol.

A análise da situação atual da poluição do ar atmosférico mostra que existe uma poluição significativa do ar atmosférico nas povoações. A fim de reduzir as concentrações de poluentes no ar atmosférico, é necessário intensificar o trabalho nas seguintes direcções

1. Instalação de equipamento de limpeza de poeiras e gases nas empresas industriais e aplicação de medidas de redução das emissões estabelecidas nas conclusões da peritagem ambiental estatal;

2. Desenvolvimento e aplicação de medidas de planeamento urbano destinadas a reduzir as concentrações de gases de escape nas zonas humanas.

A análise da dinâmica das descargas de águas residuais mostra que há um ligeiro aumento anual, que se deve principalmente ao aumento do consumo de água. A falta de organização da receção das águas residuais nos aglomerados rurais tem um impacto negativo no ambiente, poluindo as águas subterrâneas e superficiais e os recursos terrestres e biológicos.

Para resolver os problemas de escoamento de água nas povoações do distrito, é necessário resolver as seguintes tarefas:

1. No centro distrital da cidade de Akkol, prever a reconstrução do coletor de esgotos. Desenvolver um projeto de descargas máximas admissíveis de águas residuais para campos de filtração, que permitirá avaliar a necessidade de construção de instalações de tratamento;

2. Nos aglomerados rurais, é necessário organizar a remoção das águas residuais para locais especialmente equipados para a sua receção.

A análise da dinâmica da geração de resíduos mostra que há um aumento bastante elevado em relação a 2012. As principais razões para o aumento da geração de resíduos são a remoção de lixo durante o período de três meses sanitários, cuja formação ocorreu em anos anteriores e um aumento acentuado dos resíduos de construção, cuja formação ocorre a partir da liquidação de edifícios e estruturas demolidas.

Os principais domínios de regulamentação da gestão de resíduos são:

1. Desenvolvimento de lixeiras para a eliminação de resíduos, em conformidade com a regulamentação em vigor;

2. Criação de empresas para a remoção de resíduos e trabalhos de rotina em aterros e lixeiras;

3. Prever a atribuição de fundos orçamentais para a execução do programa "Gestão dos resíduos da região de Akmola", de acordo com as medidas propostas no plano deste programa.

4. Reforçar o controlo e a propaganda ambiental para evitar o aparecimento de aterros não autorizados.

Distrito de Zerenda.
Para reduzir as concentrações de poluentes no ar atmosférico, é necessário intensificar o trabalho nos seguintes domínios:

- Instalação de equipamento de limpeza de poeiras e gases em empresas industriais e aplicação de medidas de redução de emissões estabelecidas nas conclusões da peritagem ambiental estatal.

Para resolver os problemas de eliminação centralizada das águas residuais das empresas e das povoações do distrito, é necessário aplicar as seguintes medidas

1. Desenvolvimento de um projeto de descargas máximas admissíveis a partir da aldeia de Zerenda. Aldeia de Zerenda, que permitirá excluir a poluição das águas subterrâneas e obter uma justificação da necessidade de construir instalações de tratamento;

2. Nos aglomerados populacionais onde não existe rede de esgotos, é necessário organizar a receção e a remoção das águas residuais para locais especialmente equipados para a sua receção.

O principal objetivo é abordar as questões relacionadas com a gestão dos resíduos sólidos:

1. Criação de empresas para a remoção de resíduos e trabalhos de rotina em aterros e lixeiras;

2. Reforçar o controlo e a propaganda ambiental para evitar o aparecimento de aterros não autorizados.

Distrito de Burabai.

A análise da situação atual da poluição do ar atmosférico mostra que existe uma poluição significativa do ar atmosférico nas povoações. A fim de reduzir as concentrações de poluentes no ar atmosférico, é necessário intensificar o trabalho nas seguintes direcções:

1. Instalação de equipamento de purificação de poeiras e gases em empresas industriais e aplicação de medidas de redução de emissões estabelecidas por conclusões da peritagem ambiental estatal;

2. Desenvolvimento e aplicação de medidas de planeamento urbano destinadas a reduzir as concentrações de gases de escape nas zonas humanas.

3. No futuro, o abastecimento de calor de Shchuchinsk e de outras povoações do distrito será efectuado a partir de uma única fonte (uma única fonte em cada povoação), utilizando o combustível mais ecológico - o gás. Para o efeito, será necessário construir um gasoduto através do território do rayon.

4. Aumentar a frequência da rede de postos de controlo dos transportes motorizados e reforçar o seu funcionamento, a fim de permitir a entrada de veículos motorizados na zona da estância numa base parcial.

Para resolver os problemas de eliminação das águas residuais no distrito de Burabai, é necessário:

1. Concluir a construção de uma estação de tratamento biológico de águas residuais na estância balnear de Shchuchinsko-Borovsky.

2. Colocar em funcionamento no distrito de Burabai a conduta de água industrial de Kokshetau para reduzir a captação de água do lago Shchuchye e dos poços subterrâneos.

Os principais domínios da regulamentação da gestão de resíduos são:

1. Desenvolvimento de lixeiras para a eliminação de resíduos, em conformidade com a regulamentação em vigor;

2. Criação de empresas para a remoção de resíduos e trabalhos de rotina em aterros e lixeiras;

3. Reforçar o controlo e a propaganda ambiental para evitar o aparecimento de aterros não autorizados.

4. Colocar o maior número possível de contentores de recolha de lixo na área do resort com remoção regular para aterros.

5. Estabelecer brigadas especiais para a recolha de resíduos na zona da estância balnear na Empresa Estatal de Investigação e Produção "Burabai" e realizar regularmente por estas brigadas incursões nas florestas.

CAPÍTULO 4

CONCLUSÃO

Tradicionalmente, o estado de saúde da população é caracterizado por um sistema de indicadores estatísticos que determinam as caraterísticas da reprodução da população (caraterísticas médicas e demográficas), o stock de força e capacidade físicas (indicadores de desenvolvimento físico da população), as caraterísticas de adaptação da população às condições ambientais (morbilidade da população) [74].

O nível de saúde da população é o indicador total resultante da interação entre os indivíduos e o ambiente. Nas condições modernas, a relação ativa entre os seres humanos e o ambiente conduz a alterações significativas e à complicação da ecologia, o que torna necessária a investigação destinada a um estudo aprofundado da saúde da população, a procura de critérios eficazes do seu estado para monitorizar e prever alterações [54].

Avaliação do carácter exaustivo da solução das tarefas definidas. O objetivo do trabalho foi alcançado e as tarefas de investigação foram totalmente resolvidas, o que confirma a fiabilidade das principais conclusões e disposições da tese:

- foi efectuada uma avaliação exaustiva da poluição ambiental em alguns distritos da região de Akmola, com base em indicadores ecológicos e higiénicos do ar atmosférico, da água potável e do solo;

- Foi revelada a influência de um complexo de factores ambientais nas peculiaridades da formação da saúde da população infantil, adolescente e adulta através de indicadores de morbilidade;

- Foi estabelecida a relação causal entre os factores ambientais e os indicadores de saúde;

- são apresentadas recomendações para reduzir o impacto da carga tecnogénica na saúde da população.

O estudo resulta nas seguintes conclusões e resultados:

1. Os distritos da região têm as suas próprias especificidades em matéria de poluição atmosférica, em função da natureza das indústrias aí instaladas.

O distrito de Akkol é o mais desfavorável do ponto de vista ambiental entre os três distritos estudados da região de Akmola, onde se registam concentrações médias diárias de formaldeído, dióxido de enxofre e monóxido de carbono superiores às permitidas. No distrito de Burabay, a situação é a mais favorável, não se registando qualquer ultrapassagem do nível máximo admissível para nenhuma das substâncias consideradas. No distrito de Zerendinsky, regista-se uma pequena ultrapassagem do MPC s.s. para o dióxido de enxofre; em geral, a situação ambiental é favorável.

2.   O abastecimento de água nas explorações agrícolas do rayon de Burabay é extremamente insatisfatório. As redes de distribuição de água não são lavadas a tempo e desinfectadas. As condutas de água nas zonas rurais encontram-se em mau estado sanitário e técnico. Os habitantes das aldeias são obrigados a utilizar água de massas de água abertas e a cavar poços.

3.   A análise química do solo das zonas de estudo mostrou que o teor de substâncias como o cádmio, o zinco, o chumbo e o crómio não excede o CMP. No entanto, 1,5 vezes o cobre excede o CMA no solo do distrito de Akkol e 0,8 vezes no solo do distrito de Zerendinsky.

4. Verificou-se que as crianças e adolescentes que vivem nas regiões da região com diferentes níveis de poluição atmosférica não apresentam diferenças nos indicadores de desenvolvimento físico, mas o desenvolvimento físico normal é observado apenas em 52,6 por cento dos indivíduos.

5. Verificou-se que, nas zonas onde se situam as CHPP, a incidência de doenças respiratórias, do aparelho circulatório, do sangue e da hematopoiese é 1,5 a 2 vezes superior nas crianças, adolescentes e adultos.

6. Foi estabelecida uma correlação direta entre os indicadores de poluição atmosférica e as doenças do sangue, anomalias congénitas do desenvolvimento, doenças do sistema endócrino, órgãos respiratórios, neoplasias, doenças do sistema nervoso e dos órgãos sensoriais (r =0,44 - 0,73).

Recomendações sobre a forma de utilizar os resultados do trabalho.

No decurso do estudo, foram identificados os territórios da região de Akmola com diferentes níveis de mal-estar ambiental, os poluentes prioritários e o seu impacto na saúde, o que permite utilizar os dados obtidos no desenvolvimento de medidas preventivas destinadas a reduzir o impacto da carga antropotecnogénica na saúde da população.

LISTA DAS FONTES UTILIZADAS

[1] Nazarbayev N.A. Aumento do bem-estar dos cidadãos do Cazaquistão - o principal objetivo da política estatal: a mensagem do Presidente da República do Cazaquistão ao povo do Cazaquistão. - Astana, 2008.- P. 55-57.

[2] Imambayeva T.M. Clínica e tratamento do estado asmático em crianças que vivem em áreas de desvantagem ecológica // Coleção da AGMI: "Problemas de ecologia em fisiopatologia".-Almaty, 1995.-P. 157- 164.

[3] Makhanov T.M., Saduakasova A.S., Tuleutaev K.T. Saúde da população que vive na zona de desvantagem ecológica. // Conferência científica e prática sobre questões actuais da medicina prática - Almaty - Kyzylorda, 1996 - P. 12-14. 12-14.

[4] Zhakashov N.J. Aspectos metodológicos e sociais da mortalidade da população de cidades com diferentes intensidades de poluição ambiental// Issues of environmental hygiene.-Almaty,1992.- P.122-129

[5] Sabirova Z.F. Poluição antropogénica do ar atmosférico e estado de saúde da população infantil // Hygiene and Sanitation,- 2001.- No. 2, - P. 7-9. 7-9.

[6] Stepanova N.V. Estado imunitário das crianças em condições de poluição de uma grande cidade por metais pesados // Higiene e Saneamento. - 2004.- №5. -C.42-44.

[7] Serdyukovskaya G.N. Influência de factores ambientais sobre a saúde da geração mais jovem // Boletim da Academia de Ciências Médicas. SSSR.- 1986.- №3.- PP.135-137.

[8] Godina G.Z., Miklashevskaya N.N. Algumas tendências no desenvolvimento somático de crianças e adolescentes urbanos nos últimos 20 anos: sobre o exemplo do exame de crianças em idade escolar em Moscovo // Boletim da Academia de Ciências Médicas da URSS.- 1990.- №8- 79p.

[9] Mazhibaev K.A., Ormantaev K.S., Khusainova Sh.N. Estado de saúde das crianças do Cazaquistão e perspectivas de desenvolvimento do serviço e da ciência pediátrica. // Materiais do I(V) Congresso de Médicos de Crianças da República do Cazaquistão - Astana, F2001.-C.18-19.

[10] Sarycheva *S.Y.*, Apatov V.V., Grebnyak V.I. A poluição atmosférica como um dos factores sócio-higiénicos que determinam o estado de saúde das crianças em idade escolar // Proteção da saúde de crianças e adolescentes. Zdorovye.-1984.-Vyp. 15.- C. 17-20.

[11] Khabizhanov B.H., Ishuova P.K., Kumusbaeva R.S., et al. Caraterísticas da distonia vascular e alterações funcionais do coração em crianças da região do Mar de Aral. // Materiais da conferência "Problemas de medicina ecológica", -1993, -Ch.2.-C.94-96.

[12] Umansky V.Ya. Bases higiénicas para a avaliação de violações precoces da saúde das crianças sob a influência de factores ambientais desfavoráveis na saúde da geração mais jovem // Boletim da Academia de Ciências Médicas da URSS.- 1981.- № 3.- P. 135- 137.

[13] Belyakov V.A., Vasiliev A.V. Influência da poluição atmosférica no desenvolvimento físico das crianças // Higiene e Saneamento.- 2003.- №4.-P.49-51.

[14] Sultankulova J.V., Sarsenbaeva S.S. Estado do sistema urinário em crianças como um indicador de situações ambientais. // Materiais do I (V) Congresso de Médicos Infantis da República do Cazaquistão - Astana, 2001 - P. 186. 186.

[15] Selivanov A.P., Yampolskaya I.Y., Tomash V.V.. A poluição atmosférica como um dos factores sócio-higiénicos que determinam o estado de saúde das crianças em idade escolar // Proteção da saúde das crianças e adolescentes - 1984. Edição. 15.- C. 17-20.Krivtsova S.V. et al. Adolescente na encruzilhada de épocas. M.,: Génesis. 1997, 288 pp.

[16] Koshkina E.A. Abordagens metodológicas para o desenvolvimento de uma avaliação abrangente do estado de saúde das crianças em idade precoce e pré-escolar: questões actuais de higiene social e organização dos cuidados de saúde

// Zdravookhranenie Ross. Feder,- 1975.- №5.-S.14-16.

[17] Chikisheva T.A. Estudo das relações entre as caraterísticas antropológicas e os factores ambientais (com base no exemplo da região de Altai-Sayan). Novosibirsk, 1992.- 162 p.

[18] Roberts D. Body weiyth, race and climate // Amer. J. Phius. Antropol. - 1983. - Vol. 2. 4. - P. 533-558.

[19] Kurmanalin B.A., Zhumalina A.K., Pukhovikova H.H. Desenvolvimento físico de crianças em idade escolar que vivem perto de uma fábrica de processamento de gás // Pediatria e cirurgia infantil. -2003.- №4. -C. 8-9.

[20] Burce E. Medidas de composição corporal e desempenho em jogadores de futebol da escola superior // J. Sports. Sports. Med. Fhys. Fithess. - 1980. - № 20. - P. 176- 180.

[21] Mtridish H.V. Relação entre o estatuto socioeconómico e o tamanho do bebé entre os dez anos de idade // Amer. J. Dis. Chiolog. - 1991. - Vol. 82. - P. 702-709.

[22] Petrov V.G. Medico-social aspects of health of the population of the regions of ecological disaster of Kazakhstan // Materials of the scientific conference devoted to the 50th anniversary of the Institute of Research Institute of hygiene and disease prevention. -Almaty, 1994.- 226 pp.

[23] Borisov B.M., Primakov V.I., Martirova T.A. Abordagens ecológicas na avaliação do estado de saúde dos adolescentes //Voenno-Medical Journal.- 1996.- No. 2.-S. 51-52.

[24] Agaev F.B., Samedov I.G., Kuliev A.S. Avaliação quantitativa e qualitativa da relação entre a morbilidade dos bebés e a poluição química da atmosfera nas condições de Baku // Hygiene and Sanitation. - 1993. - №4. - C.76.

[25] Belyaev E.N. O papel do serviço sanitário-epidemiológico na garantia do bem-estar sanitário-epidemiológico da população da Federação Russa. - M., 1996.-416 p.

[26] Boev V.M. Hygienic characterisation of the influence of anthropogenic and natural geochemical factors on the health of the population of the Southern Urals

// Hygiene and Sanitation. - 1998. - №6. - C.3-8.

[27] Recursos hídricos do Cazaquistão no novo milénio. A. 2004г.-132c.

[28] A. Kazbekov. O fóssil mais precioso da terra, Kokshetau.2002.-272 p.

[29] Boletim de Informação Ecológica - Almaty: REC, 20122013.

[30] Bolshakov A.M., Dmitriev A.D. Contribuição dos factores ambientais nas peculiaridades dos processos ontogenéticos // Hygiene and Sanitation. - 1993. - №6.- C.75-77.

[31] Bukharin O.V., Litvin V.Yu. Pathogenic bacteria in natural ecosystems (Bactérias patogénicas em ecossistemas naturais). - Ekaterinburg: Ramo Ural da Academia Russa de Ciências, 1997. - 277 c.

[32] Bushtueva K.A., Sluchanko I.S. Methods and criteria for assessing the state of public health in connection with environmental pollution. - Moscovo: Medicina, 1979. - 160 c.

[33] Bystrykh V.V. Avaliação higiénica complexa da poluição ambiental de uma cidade industrial e indicadores de saúde dos recém-nascidos. Avtoref. diss. .kand. med. sciences. - Orenburg, 1995. - 23 c. [34] Bystrykh V.V., Boev V.M. Poluição atmosférica e indicadores antropométricos de recém-nascidos em Orenburg // Hygiene and Sanitation. - 1995. - №1. - C.3-4.

[35] Bystrykh V.V., Boev V.M., Borshchuk E.L. Assessment of additional carcinogenic risk in connection with anthropogenic pollution of atmospheric air of residential areas // Hygiene and Sanitation. - 1999. - №1.- C.8-10.

[36] Bystrykh V.V., Boev V.M., Borshchuk E.L. et al. Usando a metodologia de estimativa do risco de impacto tóxico de sulfeto de hidrogênio // Problemas de prevenção e liquidação das consequências de situações de emergência em dutos do complexo de petróleo e gás: Proc. da conf. científica-prática de toda a Rússia - Orenburg, 1998. - C.114.

[37] Bystrykh V.V., Boev V.M., Borshchuk E.L., Dunayev V.N. Poluição do ar na área da autoestrada como fator de risco // Ecologia da grande cidade: Proc. da conferência científica e prática - Perm, 1996. - C.14-15.

[38] Bystrykh V.V., Boev V.M., Borshchuk E.L., Kudrin V.I. Avaliação do

risco carcinogénico adicional numa cidade industrial // Ambiente. Avaliação de riscos para a saúde. Experiência de aplicação da metodologia de avaliação de risco na Rússia. - M., 1998. - Vyp.5. - P.22-23.

[39] Veltischev Yu.E. Problemas de ecopatologia da infância - aspectos imunológicos // Pediatria. - 1991. - №12. - C.74-80.

[40] Veltischev Y.E., Fokeeva V.V. Ecologia e saúde das crianças (direção ecotoxicológica) // Maternidade e Infância. -1992. - №12.- C.30-35.

[41] Detiuk E.S., Datsenko I.I., Avgustinovich M.S. et al. Influência da poluição atmosférica nos índices morfofuncionais da placenta // Hygiene and Sanitation. - 1991. - №6. - C.10-12.

[42] Zaitseva N.V., Averyanova N.I., Koryukina I.P. Ecologia e saúde das crianças da região de Perm. - Perm, 1997. - 147 c.

[43] Ivanov V.Y., Tokarev I.I., Kulikova T.E. Population morbidity associated with atmospheric air pollution in Zaporozhye // Hygiene and Sanitation. - 1993. - №6.- C. 11-13.

[44] Kiryushchenkov A.P., Tarakhovsky M.L. Efeito de substâncias medicinais no feto. - M., 1990. - 272 c.

[45] Knizhnikov VA, Novikova KV, Grozovskaya VA et al. Para a questão da eficiência blastomogénica da ação combinada dos componentes das cinzas volantes de carvão // Higiene e Saneamento. - 1987. - №3. - C.10-13.

[46] Koskina EV, Bonashevskaya TI, Barkov LV Sistema de indicadores complexo fetoplacentário para avaliar o estado do ar atmosférico // Higiene e Saneamento. - 1992. - №2. - C.14-17.

[47] Kryatov I.A., Avkhimenko M.M., Tsapkova N.N. Bifenilos policlorados e dioxinas - poluentes ambientais perigosos e persistentes (revisão)//Higiene e Saneamento-1991- № 12. - C.68-72.

[48] Kuznetsova T.P. Estado de saúde dos recém-nascidos das trabalhadoras de uma refinaria de petróleo // Zdravookhranenie Rossiyskoy Federatsii. - 1992. - №6. - C.27-28.

[49] Kutepov E.N. Bases metodológicas da estimativa do estado de saúde da

população sob a influência de factores ambientais. Avtoref. diss. de doutor em ciências médicas. - M., 1995. - 41 c.

[50] Kuchma V.R., Hildenskiold S.R., Minibaev T.Sh. et al. Epidemiologia das doenças da população que vive em territórios ecologicamente desfavoráveis // Segurança ecológica das regiões e relações de mercado: Materiais da conferência internacional. - M., 1994. - C.363-368.

[51] Lebedkova S.E., Boev V.M., Kolbina L.V. et al. Prevalência de doenças cardiovasculares na população infantil em idade escolar tendo em conta a situação ecológica do ambiente atmosférico //Pediatrics. - 1991. - №12. - C.41^4.

[52] Likhachev A.Ya. Estudo da poluição ambiental por substâncias carcinogénicas e possibilidade de prever a sensibilidade individual às mesmas // Voprosy Onkologii. - 1997. - №1.- C.111-115.

[53] Muzaleva O.V. Avaliação higiénica complexa da poluição antropogénica e caraterização da autoflora estafilocócica em crianças em idade escolar de uma cidade industrial. Auth. diss. ... Cand. de ciências médicas. - Orenburg, 1999. - 26 c.

[54] Naumenko O.A. Epidemiologia e monitorização de factores de risco de doenças do sistema cardiovascular em crianças em idade escolar que vivem em condições de uma grande cidade industrial. Avtoref. dis. ... Cand. med. sciences. - Orenburg, 1996.

[55] Nesterenko SA, Lineva OI Social ecology and its impact on immune homeostasis during pregnancy // Ecology and human health: Theses of reports of the All-Russian scientific and practical conference. - Samara, 1994. - C. 120-122.

[56] Novikov S.M., Rumyantsev G.I., Zholdakova Z.I. et al. O problema da avaliação do risco carcinogénico da poluição química ambiental // Higiene e Saneamento. - 1998. - №1. - C.29-34.

[57] Parfenov Y.D. Cálculo da concentração máxima admissível de berílio no ar de acordo com o critério do efeito carcinogénico // Higiene e Saneamento. - 1988. - №6. - C.59-62.

[58] Pushkareva M.V. Critérios e métodos para minimizar o impacto das cargas ambientais na população. Auth. diss. ... Doutor em Ciências Médicas. - Moscovo, 1995.-44 p.

[59] Senichenkova I.N. About embryotoxic effect of industrial environment pollutants - formaldehyde and petrol // Hygiene and Sanitation. - 1991. - №9. - C.35-38.

[60] Sidorenko G.I., Kutepov E.N.. Direcções prioritárias da investigação científica sobre os problemas de avaliação e previsão do impacto dos factores de risco na saúde da população //Hygiene and Sanitation. - 1994. - №8. - C.3-5.

[61] Recurso eletrónico, http://referat.resurs.kz/

[62] Recurso eletrónico, http://www.ref.by/

[63] Recurso eletrónico, http://ecounion.ecorussia.info/ru/

[64] Recurso eletrónico. http://library.ipae.uran.ru/

[65] Recurso eletrónico, http://ecology.uran.ru/

[66] Slivina L.P., Popov S.V., Voronkova O.A. et al. Factores de risco de doenças de crianças do primeiro ano de vida numa grande cidade industrial //Problemas reais de higiene: Proc. of scientific conf. - Kazan, 1994. - C.6769.

[67] Sokolov V.V., Frasch V.N. Questões de discussão sobre a ação leucemogénica (blastomogénica) do benzeno //Higiene do trabalho e doenças profissionais. - 1985. - №4. - C.21-26.

[68] Sychev A.A., Sannikov V.M. Integrated methodological approach to the assessment of genetic consequences of atmospheric air pollution //Hygiene of the environment. - Kiev, 1989. - C. 149-150.

[69] Usvyatsov B.Y., Muzaleva O.V., Gerbich I.I. et al. Avaliação higiénica da biocenose estafilocócica da mucosa nasal de crianças em idade escolar numa cidade industrial // Hygiene and Sanitation. - 1998. - №6. - C.13-16.

[70] Fateeva T.A., Setko N.P., Stadnikov A.A. Estudos experimentais do efeito do gás natural multi-enxofre e do condensado na função reprodutiva // Hygiene and Sanitation. - 1998. - №5. - C.5-7.

[71] Filov V.A., Khudoley V.V. Carcinogéneos químicos no ambiente e o seu

significado ecológico. Carcinogéneos naturais e antropogénicos // Journal of Ecological Chemistry. - 1993. - №4. - C.313-317.

[72] Aggett P.J., Rose S. O solo e as malformações congénitas // Experientia. - 1987. - Vol.43, No.1. - P.104-108.

[73] Aksoy M. Hematotoxicidade e carcinogenicidade do benzeno // Environ. Health. Perspect. - 1989. - Vol.82. - P.193-197.

[74] Ayotte P., Livesque B., Gauvin D. et al. Indoor exposure to 222Rn: a public health perspective // Health Phys. - 1998. - Vol.75, No.3. - P.297-302.

[75] Baker F.D., Bush B., Tumasonis C.F. et al. Toxicidade e persistência de baixo nível de PSB em ratos Wistar adultos, fetos e jovens // Arch. Environ. Contam. and Toxicol. - 1977. - Vol.5, No.2. - P.143-156.

[76] Bako G., Smith E.S., Hanson J., Dewar R. The geographical distribution of high cadmium concentrations in the environment and prostate cancer in Alberta // Can. J. Public. Health. - 1982. - Vol.73, No.2. - P.92-94.

[77] Blair A., Kazerouni N. Reactive chemicals and cancer // Cancer Causes Control. - 1997. - Vol.8, No.3. - P.473-490.

[78] Boezen H.M., van der Zee S.C., Postma D.S. et al. Effects of ambient air pollution on upper and lower respiratory symptoms and peak expiratory flow in children // Lancet. - 1999. - Vol.353. - P.874-878.

[79] Borchers M.T., Carty M.P., Leikauf G.D. Regulation of human airway mucins by acrolein and inflammatory mediators // Am. J. Physiol. - 1999. - Vol.276. - P.L549-L555.

[80] Csicsaky M.J., Roller M., Pott F. Modelação do risco: que modelos escolher? // Exp. Pathol. - 1989. - Vol.37, №1-4. - P.198-204.

[81] Dypbukt J.M., Atzori L., Edman C.C., Grafstrom R.C. Thiol status and cytopathological effects of acrolein in normal and xeroderma pigmentosum skin fibroblasts // Carcinogenesis. - 1993. - Vol.14, No.5. - P.975-980.

[82] Ekman P. Genetic and environmental factors in prostate cancer genesis: Identifying high-risk cohorts // Eur. Urol. - 1999. - Vol.35, No.5-6. - P.362369.

[83] Kipling M.D. Oil and cancer // Ann. R. Coll. Surg. Engl. - 1974. - Vol.55,

No.2.- P.71-79.

[84] Klein C.B., Kargacin B., Su L. et al. Mutagénese de metais em linhas celulares transgénicas de hamster chinês // Environ. Health. Perspect. - 1994. - Vol.102. - Suppl.3. - P.63-67.

[85] Lagarde F., Pershagen G. Análises paralelas de dados individuais e ecológicos sobre radão residencial, cofactores e cancro do pulmão na Suécia // Am. J. Epidemiol. - 1999. - Vol. 149, №3. - P.268-274.

[86] Kalitsun V.I., Laskov Y.M. Workshop de laboratório sobre eliminação de água e tratamento de águas residuais. M. Stroyizdat - 1995. - C. 325.

[87] Shiklomanov I.A. Land water resources research. L.: Gidrometeoizdat, 1988. - 152 c.

[88] Fomin G.S. Água. Controlo da segurança química, bacteriológica e radiológica segundo as normas internacionais. Livro de referência enciclopédico. M. 2000-848 p.

[89] Estágio em ecologia e proteção do ambiente. A.I. Fedorova, A.N. Nikolskaya. Moscovo: Vlados, 2001. - 288 c.

[90] Kaurichev I.S. Practicum on soil science. Moscovo, 1986. - 425 c.

[91] Toth E., Ulveczky E., Verebelyi Z. Oroszlan G. Concentração de chumbo no leite humano numa população altamente aerossolizada // Eur. Congr. Perinatal Med. -Roma, 1989. - Vol.2. - P.1097-1099.

[92] Winneke H., Klingenberg H. Studies on health effects of automotive exhaust emissions. Quão perigosas são as emissões de gasóleo? // Sci. Total Environ. - 1990. - Vol.93. - P.95-105.

[93] Yang C.S. Investigação sobre o cancro do esófago na China: uma revisão //Cancer. Res. - 1980. - Vol.40. - P.2633-2644.

[94] Ospanova G.S., Bozmataeva G.T. Ecologia. - Almaty: Ekonomika, 2002. - 405

[95] Recurso eletrónico, http://referat.resurs.kz/

[96] Recurso eletrónico, http://www.ref.by/

[97] Recurso eletrónico, http://ecounion.ecorussia.info/ru/

[98] Recurso eletrónico, http://library.ipae.uran.ru/

[99] Recurso eletrónico, http://ecology.uran.ru/

[100] Código do Ambiente da República do Cazaquistão. - Almaty: YURIST, 2013. - 300

[101] Recomendações Metodológicas para as Regras e Normas Sanitárias para a Proteção das Águas Superficiais contra a Poluição (SanPiN No. 3.02.003-04). http://doword.ru/

[102] Metodologia para o cálculo das descargas máximas admissíveis (MPD) de substâncias no

[103] Instrução sobre o racionamento das descargas de poluentes nas massas de água (RND 211.2.03.01-97). - Almaty: RARITET, 1997. - 190 c.

[104] Recurso eletrónico, http://masters.donntu.edu.ua/

[105] Sorokina N.D. Proteção ambiental na empresa. - Moscovo: Khimiya, 2014. - 200 c.

[106] Regras para a proteção das águas de superfície da República do Cazaquistão (RID 1.01.03-94). - Almaty: JURIST, 1994. - 222 c.

[107] Instruções metodológicas sobre a aplicação das "Regras de proteção das águas superficiais da República do Cazaquistão", introduzidas em 01.07.94 (RID 11.2.03.02-97). - Almaty: JURIST, 1997. - 200 c.

[108] Trabalhos e instruções metodológicas para as aulas práticas do curso Ecologia, Gestão da Natureza, http:// bib.convdocs.org/v20410/

[109] ESCO. Cidades e Edifícios, http://www.journal.esco.co.ua/

[110] Eltermap V.M. Proteção do ambiente. - Moscovo: Khimiya, 1995. - 360 c.

[111] Biblioteca digital, http://www.himi.oglib.ru/

[112] Tratamento por membranas de águas residuais de empresas industriais. http: //otherreferats. allbest.ru/ecology/.

[113] Medrim G.L., Teisheva A.A., Basin D.A. Disinfection of natural and waste water using electrolysis. - Moscovo: Stroyizdat, 1999. - 460 c.

[114] Notas técnicas sobre problemas de qualidade da água: Editado por

Karyukhina T.A., Churbanova I.N. - M.: Nauka, 2000. - 608 c.

[115] Loginov O.N. Biotechnological methods of environmental purification from anthropogenic pollution / O.N. Loginov, N.N. Silischev, T.F. Boyko, N.F. Galimzyanova. - Ufa: Editora Estatal de Literatura Científica e Técnica "Reaktiv", 2000. - 100 c.

Printed by Books on Demand GmbH, Norderstedt / Germany